contents

※本書は2021年発行の『もっと知りたいリクガメのこと 幸せに暮らす 飼い方・育て方がわかる本』を新版として発行するにあたり、内容を確認し一部必要な修正を行ったものです。

2章 リクガメを飼ってみよう

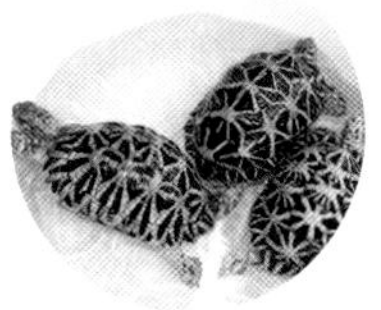

3章　リクガメカタログ

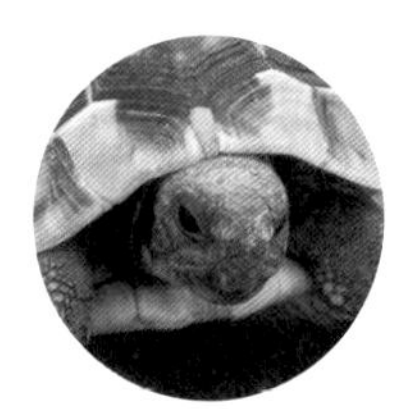

4章 健康と繁殖について知ろう

リクガメを飼うと こんなに楽しい！

のんびりとしたその姿に
心癒されることでしょう。

温厚な性格の
リクガメは
子どもたちにも
大人気!

愛情を注ぐほど
リクガメも
あなたを
好きになって
くれます。

長生きの
リクガメは
あなたの
生涯の友に
なってくれる
ことでしょう。

公園や河川敷を
散歩させれば
周囲の
注目の的に――。

リクガメは喋れません。
だけど、
長く飼っていると、
不思議とその気持ちが
手に取るように分かる
ようになるでしょう。

リクガメ飼育のお約束！

リクガメは最後まで責任を持って飼いましょう。

リクガメは長生きをする生き物です。

リクガメは飼育下でも、数十年間生きることが珍しくありません。あまり大きなリクガメだと、将来、住環境が変わったときに飼うのが難しくなることもあるかもしれません。長い目で見て、飼うかどうか、またどのような種を飼うかを検討しましょう。

大きくなるリクガメもいます。

子ガメがあまりに可愛らしいからといって、よく調べずに購入するのはNG。成長すると、甲羅の長さが1m近くになるリクガメもいます。「思っていた以上に大きくなった」といった理由で飼えなくなることがないように十分に調べてから入手しましょう。

リクガメは国際条約によって守られています。

リクガメは、世界的に希少な生き物であり、ワシントン条約によって保護されています。あなたがリクガメを大切に飼うということは、希少な生き物を守るということでもあるのです。

このようなことを十分に考えて飼うことを決め、たっぷりと愛情を注ぎ込めば、リクガメは、きっとあなたの生活に癒しや楽しみをプラスしてくれるでしょう。

第1章

リクガメについて知ろう

一体、リクガメって、どんな生き物？

この章では
リクガメを飼うための
基礎となる知識を
解説します。

［リクガメとは］

1 リクガメは陸上生活に適応したカメ！

★ カメの祖先は約2億年前に登場した「プロガノケリス」。
★ リクガメの直接の祖先は「コロッソケリス・アトラス」。

まず「カメ」について学びましょう

現在、約300種いるカメのルーツは、約2億年に登場したプロガノケリス。それはちょうど恐竜が出現し始めた時期で、陸上で植物を食べながら静かに生きていたと考えられています。現代のカメによく似た頑丈な甲羅は、獰猛な肉食恐竜から身を守るために発達したのでしょう。カメというと水の中に棲むイメージがありますが、もともとは陸上の生物だったのです。

リクガメの直接の祖先は、約180万〜160万年前に現れたコロッソケリス・アトラスです。全長2.5m、体重4トンもあったと推定されていますから、ペットとして飼ったら潰されてしまいそうです。

さて、リクガメ（陸亀）は、陸上生活に適応したカメのこと。**学術的な分類では「爬虫類カメ目潜頸亜目（せんけいあもく）リクガメ上科リクガメ科」に属し、現在、12属42種程度（専門家によって数が異なる）が確認されています。**ちなみにリクガメ科のほかには、「ウミガメ科」「スッポン科」「ヌマガメ科」などがあります。

CHECK カメの祖先・プロガノケリス

全長約1m。現代のカメと姿は似ていますが、聴覚がなく、首や足を甲羅の中に引っ込めることはできなかったようです。歯を持つことも、現代のカメとの違いです。それにしても恐竜が絶滅したのに対し、カメの姿が大昔から大きく変わっていないのは驚きです。

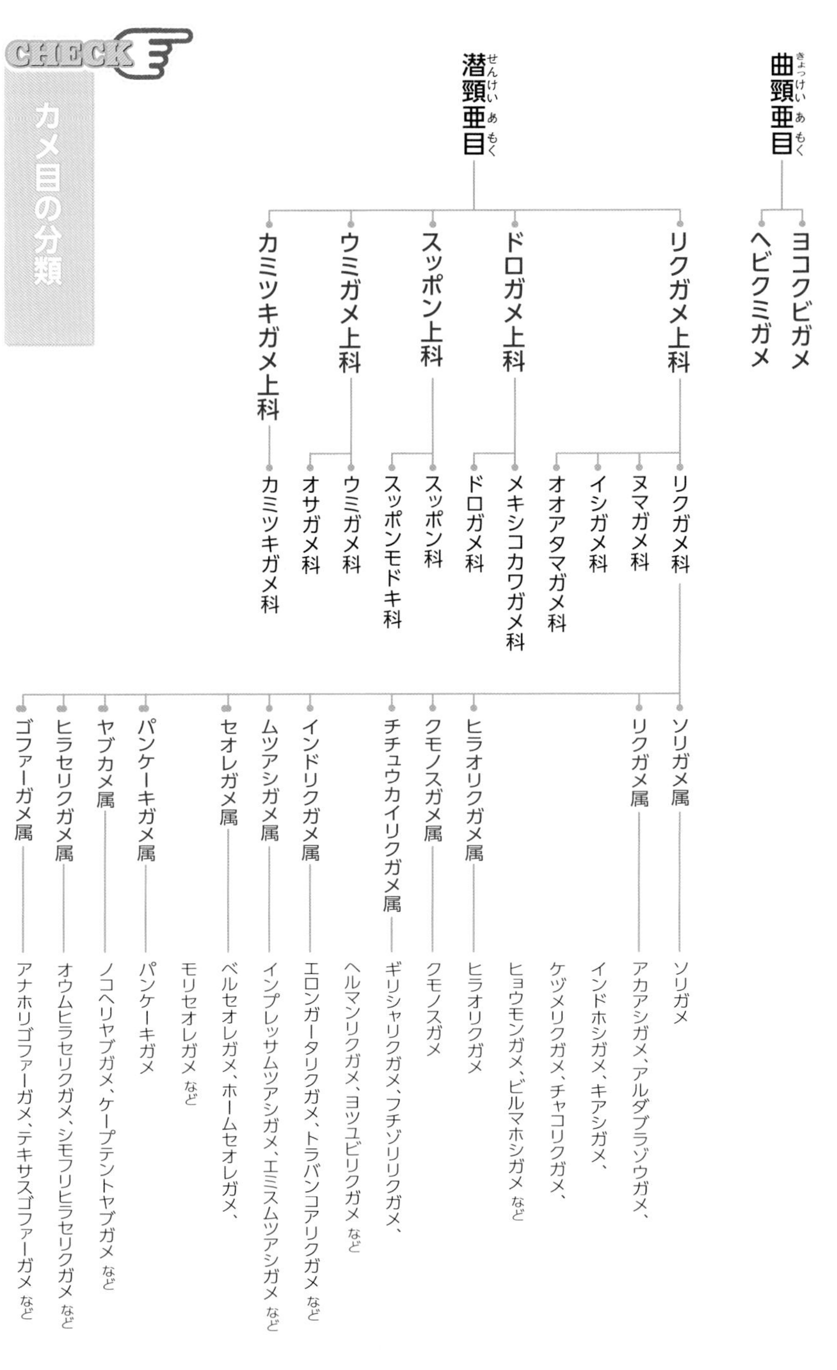

曲頸亜目（きょっけいあもく）
ヨコクビガメ
ヘビクミガメ
潜頸亜目（せんけいあもく）
リクガメ上科
ドロガメ上科
スッポン上科
ウミガメ上科
カミツキガメ上科
リクガメ科
ヌマガメ科
イシガメ科
オオアタマガメ科
メキシコカワガメ科
ドロガメ科
スッポン科
スッポンモドキ科
ウミガメ科
オサガメ科
カミツキガメ科
ソリガメ属
ソリガメ
リクガメ属
アカアシガメ、アルダブラゾウガメ、
インドホシガメ、キアシガメ、
ケヅメリクガメ、チャコリクガメ、
ヒョウモンガメ、ビルマホシガメ など
ヒラオリクガメ属
ヒラオリクガメ
クモノスガメ属
クモノスガメ
チチュウカイリクガメ属
ギリシャリクガメ、フチゾリリクガメ、
ヘルマンリクガメ、ヨツユビリクガメ など
インドリクガメ属
エロンガータリクガメ、トラバンコアリクガメ など
ムツアシガメ属
インプレッサムツアシガメ、エミスムツアシガメ など
セオレガメ属
ベルセオレガメ、ホームセオレガメ、
モリセオレガメ など
パンケーキガメ属
パンケーキガメ
ヤブカメ属
ノコヘリヤブガメ、ケープテントヤブガメ など
ヒラセリクガメ属
オウムヒラセリクガメ、シモフリヒラセリクガメ など
ゴファーガメ属
アナホリゴファーガメ、テキサスゴファーガメ など
CHECK
カメ目の分類

［分布］

リクガメはとても希少な生物！

★ リクガメはワシントン条約で指定された保護動物。密輸には注意を。
★ リクガメを大切に飼うことは、希少な生き物を守ることでもある。
★ 生息地域の気候風土によって、最適な飼育環境が異なる。

ワシントン条約で規制されているリクガメ

リクガメは、世界的に希少な生物です。そのため、**絶滅の恐れがあったり、国際的な取引の増加で生存が難しくなりつつある野生動植物を保護するためのワシントン条約によって扱いが規制されています。**ワシントン条約は、規制が厳しい順に「付属書1」「付属書2」「付属書3」の3つのリストがあり、多くのリクガメは、商業目的の取引を禁止する「付属書1」、

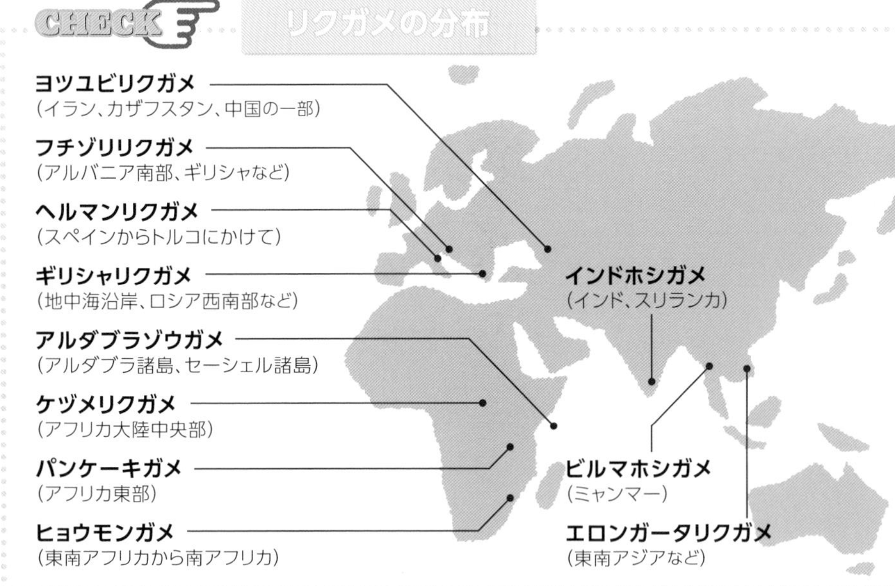

もしくは取引に輸出許可証を要する「付属書2」に指定されています。日本で飼われているリクガメは、「付属書2」に指定されている種が多いようです。

ですから、世界的に希少となっている生き物を大事に飼うという心構えを、しっかりと持っていたいものです。

生息地域によって飼育環境が異なる

カメといえば一般的に水棲をイメージします。これは日本には本来、水棲のカメしかいないからでしょう。リクガメの多くは、熱帯・亜熱帯に分布します。**これから飼おうとしている、または飼っているリクガメの生息地域の気候風土を知ることで、望ましい飼育環境が見えてくるでしょう。**

例えば、ヨツユビリクガメやヒョウモンガメは乾燥した荒地や草地に生息するため、多湿な環境は苦手です。一方、インドホシガメなどは湿度の高い場所と低い場所を行き来して過ごしますから、ケージ内に乾燥と多湿の両方の環境をつくると喜びます。

またリクガメは基本的に草食ですが、昆虫が多い地域に棲む種は、ミミズやナメクジなどを捕食することがあります。

生息地域から望ましい飼育環境を想像しましょう。

［体］

「守り」に徹したボディ

★ リクガメの体は、外敵から身を守ることに徹したつくり。
★ リクガメは歯を持たず、クチバシでエサを食いちぎる。
★ 尾はオス・メスを見分けるポイント。オスのほうが長め。

リクガメの体

尾

オスはメスより長めです。尾の付け根の「総排泄孔」という穴から排泄します。オスはここにペニスが収納されています。

オス　メス

背甲

後足

通常、指は4本です。

リクガメの体について知りましょう

リクガメは、**他のカメに比べて甲羅は大きく盛り上がり、足はうろこで覆われています。**外敵が現れると鎧のように頑丈にできた甲羅の中に頭や足を引っ込め、身を守ります。逃げ足の遅いリクガメが、恐竜時代を生き延びられたのは甲羅のおかげといえるでしょう。

リクガメの大きさや外見は種によって大きな違いがありますが、基本的なつくりは一緒です。

目：まぶたの内側に瞬膜という薄い膜があります。寝る時はまぶたを閉じます。

鼻：顔の先端に鼻の穴が開いています。鼻から水を飲むことができます。

耳：外耳がないため分かりづらいのですが、丸い鼓膜が表面に露出しています。

口：歯はなく、硬いクチバシでエサをかみ切ります。

前足：硬いうろこに覆われています。通常、指は５本です。

［体］

甲羅はカモフラージュの役割

★ 甲羅は二重構造の頑丈なつくりになっている。

★ 甲羅の模様は、周囲の環境に溶け込むカモフラージュの役割。

★ カメは肺が大きいため、冷たい空気を吸い込むとすぐに体が冷えてしまう。

CHECK

甲羅の名称

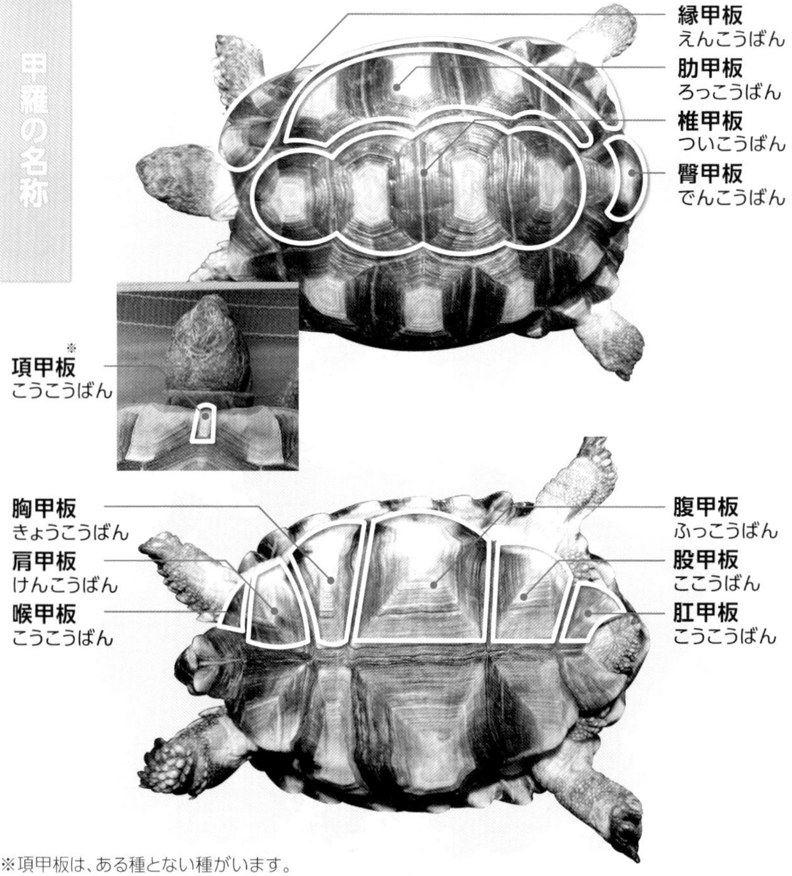

縁甲板
えんこうばん

肋甲板
ろっこうばん

椎甲板
ついこうばん

臀甲板
でんこうばん

項甲板※
こうこうばん

胸甲板
きょうこうばん

肩甲板
けんこうばん

喉甲板
こうこうばん

腹甲板
ふっこうばん

股甲板
ここうばん

肛甲板
こうこうばん

※項甲板は、ある種とない種がいます。

リクガメの甲羅を観察しましょう

リクガメの硬い甲羅は、どのような構造になっているのでしょうか。

甲羅は、皮膚と骨の一部でできた「骨甲板（こっこうばん）」を土台に、皮膚の一部でできた「角質甲板」がかぶさって強度を高めています。甲羅は成長とともに大きくなりますので、定期的に測定すると発育状況がよく分かります。成長の程度は、一般的に「甲長（こうちょう）」といって甲羅の全長で表します。

甲羅の幾何学的な模様はリクガメの大きな魅力の一つ。**この模様は周囲の環境に溶け込んで外敵から見えづらくするカモフラージュの役割を果たします。**

種によって甲羅の模様は実にさまざまです。

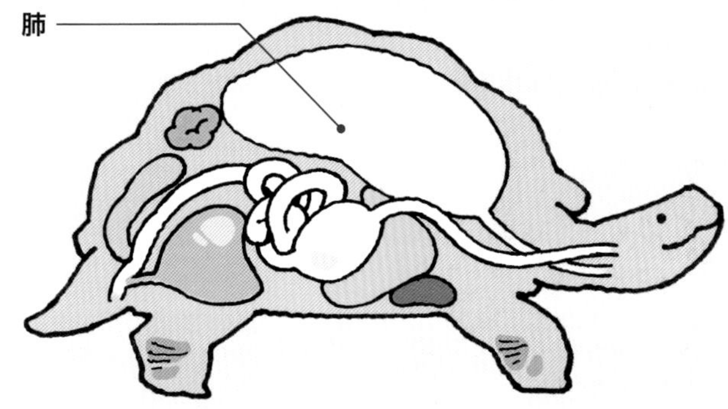

カメは肺がとても大きく、甲羅内のほぼ半分の大きさを占めます。そのため、冷たい空気を吸い込むと、すぐに体温が下がってしまいます。他の臓器は、肺の下に位置します。消化器は、食道・胃・小腸・大腸に分けられ、総排泄孔に続きます。

［五感］

5 動きはスローだが、感覚はなかなか鋭い！

★ イメージと異なって五感は鋭く、とくに嗅覚が優れている。
★ リクガメは、飼い主のことをきちんと認識する。
★ ゆっくりだが、周囲の環境などについて学習していく。

リクガメは鈍感？

カメといえば重たそうな甲羅を背負い、「のっそ、のっそ」と歩くイメージが強く、大きなリクガメはなおのこと鈍重なのではと思っている方が少なくないようです。**確かに動きはスローですが、その五感はなかなか鋭く、決してあなどれません。とりわけ、嗅覚が優れていることが分かっています。**

これからリクガメを飼おうとしている人にとっての大きな関心事が、飼い主に懐いてくれるのかどうかということでしょう。結論から言うと、イヌやネコのようにはいきませんが、**リクガメも毎日お世話をする飼い主のことを認識します。**個体差は大きいのですが、飼い主の姿を見ると近寄ってくることがありますし、長く飼い続けていると部屋のどこに何があるかを覚えたりもするといいますから楽しみです。成長はゆっくりですが、焦ることなく、リクガメのペースに合わせて気長に付き合いましょう。

褒めたり叱ったりしても、理解する能力は持ち合わせていませんから、しつけたり、芸をしこんだりするのは難しいでしょう。ただ、エサを与えるときの条件付けによって、一定の動きをさせることは望めるかもしれません。

リクガメは匂いをたどって好みの植物を探しているようです。

また、排泄などのしつけをしよう

として叩いたりすると、攻撃されていると思って、それこそ心まで甲羅の中に引っ込めてしまいます。**いくら硬い甲羅とはいえ、その下には神経や血管が通っているため、強い衝撃を受けるとリクガメも痛みを感じるのです。**

嗅覚

嗅覚はとても優れています。食べ物の匂いをかぎ分けるほか、匂いをたどって水場を探したり、帰巣したりする種がいるなど、嗅覚によって周囲の状況を察知していると考えられています。

視覚

色の識別ができ、動体視力も発達しているようです。目が顔の左右に付いているため視野も広いのですが、甲羅が邪魔になって後方は見えません。

味覚

味覚についてはよく分かっていませんが、個体によって好き嫌いがあることから、ある程度、発達していると考えられています。

触覚

足はうろこ状の硬い皮膚で覆われていますが、感覚があり、痛みを感じます。甲羅は骨と一体化しているため、割れたりヒビが入ったりすると、強い痛みを感じます。甲羅のすぐ下に神経が通っており、触れられるだけでも意外と敏感に感じ取ります。

聴覚はあまり発達しておらず、低周波が聞き取れる程度です。ただし、音はきちんと聞こえているため、騒がしい場所はあまり好まないかもしれません。

［一生］

6 人間より長生きするリクガメも！

★ カメの仲間の中でもリクガメは長生きで、100年以上生きることも！
★ リクガメの成長は環境に大きく左右される。
★ 初心者は甲長が8cm以上の個体を選ぶのが無難。

リクガメの寿命は？

「鶴は千年、亀は万年」とよく言われるように、カメはおおむね長生きです。中でも**リクガメの寿命は長く、環境が良ければ、人の一生くらいは生きると考えられており、100 歳を超えたという記録も珍しくありません。**中には、200 年以上生きたと伝えられるリクガメもいると言いますから、イヌやネコといった他のペットに比べると寿命はかなり長く、飼い始めたら一生の付き合いとなるかもしれないと考えておかなければなりません。

日本での飼育下での寿命は、大半の種が概ね 20 ～ 30 年ほどと言われていますが、飼育方法が確立されてから歴史がまだ浅く、今後はもう少し延びる可能性があります。リクガメを飼うなら、そこまで長期的な視点で検討することが必要です。

適当な環境下では発達が良くなる

子どもの頃から飼い始めれば、まさしく一生の友になってくれるでしょう。

リクガメの一生を見てみましょう。

リクガメの成長は、種類や個体による差に加え、環境にも大きく左右されます。哺乳類と違って変温動物のため、適した環境下で育つと成長が良くなることがあります。

ペットショップのリクガメは輸入さ

れたものが多く、誕生時期がはっきりと分からないケースが少なくありません。そうした場合は見た目で判断するしかありませんが、**小さ過ぎる個体は発達途上で抵抗力が弱く、環境の変化でダメージを受けやすいため、初心者はなるべく甲長が 8cm 以上の個体を選ぶようにしましょう。**

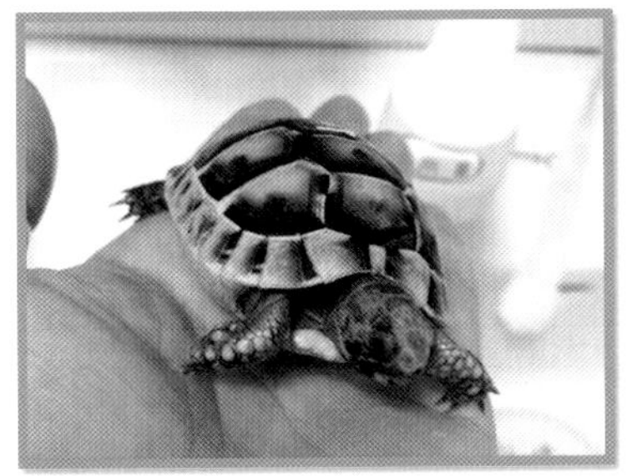
いつまでも構っていたくなる、キュートなベビー。

成長の流れ

▶甲羅や爪などが成長途上のため、飼育環境には気を付けましょう。
▶抵抗力が弱く病気になりやすいため、栄養バランスに注意してください。
▶小さなリクガメは何とも可愛らしいですが、いじり過ぎるとストレスを与えることになります！

▶成体に達するまでの年数は、種類や個体による差が大きく、一概には言えません。
▶活発に動き回るようになります。
▶幼体の頃より、体が丈夫になり、病気にかかりにくくなります。
▶性成熟し、発情行動が見られるようになります。

▶若い頃に比べて動きが緩慢になり、食欲も低下します。
▶寿命は個体差がかなりあります。

［しぐさ・行動］

7 リクガメの気持ちはしぐさに表れる！

★ しぐさや行動をよく観察すると、リクガメの気持ちが分かる。
★ しぐさや行動の意味を知ることがリクガメとのコミュニケーションの第一歩。
★ 普段は見られない動きは健康不良のサインであることも。

リクガメとコミュニケーションしよう!

気持ち良さそうに首や四肢を伸ばしたり、時折、首をひっこめたり——。リクガメのキュートなしぐさは、人のハートをわしづかみにすると多くの飼い主が口を揃えます。

そんな可愛らしいしぐさの一つひとつには大切な意味を持つことがあります。時には体の不調を訴えるシグナルだったりもします。それを見極めるためにはリクガメとのコミュニケーションがしっかりとれていなければなりません。

可愛いしぐさに込められた意味

まず一般的に見られるしぐさや行動の意味を知ることから始めましょう。カメ全般に言えることですが、リクガメは表情がありませんから、**しぐさや行動から気持ちを読み取ってあげるのは飼い主の重要な役目になります。**もし、普段は見せないような動きをするようでしたら、よくよく観察して早めの処置を心がけましょう。

自分が飼っているリクガメのしぐさやクセを知って気持ちが分かるようになりましょう。

CHECK よく見られるしぐさ

甲羅に引っ込む

一度甲羅に引っ込むと、なかなか出てきてくれないことも。

▶カメは基本的に臆病な性格で、危険を感じると甲羅に閉じこもってしまう習性があります。突然、見慣れぬ人が触る、あるいは、動物が近づいたりすると、顔を引っ込めたまま動かなくなります。ときには病院に連れて行ったものの、頑なに甲羅に閉じこもったままで、とても 診察どころではないということもあります。

狭いところに入る

リクガメはとにかく狭い場所が好き。

▶リクガメは、自然界では身を守るために岩の間などに入り込む習性があります。家具などの狭い隙間を好むのはそのためです。また穴を掘って身を潜めようとするリクガメもいますが、これは自然な習性ですから心配は要りません。

ケージ手前で立ち上がる

何をアピールしているのか、気持ちを想像してあげましょう。

▶ケージから出してほしいという意思表示。運動不足かもしれません。室内や屋外を散歩させてあげると喜ぶかもしれません。この時、気温が低いと、呼吸器感染症になることがあるので、注意してください。ケージ内をウロウロと動き回る場合は、エサを待っているなど、何か要求があるのかもしれません。

[一日の生活]

8 リクガメは意外にアクティブ！

★ リクガメは変温動物のため、自ら体温を上げて維持することができない。
★ 日中は、体温調節やエサ探しのために歩き回る。
★ リクガメが体温をコントロールしやすい環境を整えることが基本。

 リクガメは変温動物

理科の授業で習った記憶があるかもしれませんが、カメを含む爬虫類は変温動物です。したがって**自ら体温を調整できませんから、気温などの環境に体温が大きく左右されます。**

初めてリクガメを飼う人は、あちこちスタスタと歩き回る姿を見て、「意外と活動的だな」と少し驚くかもしれません。これは落ち着きがないわけではなく、変温動物であることが大きく関係しています。

 体温の変化を考えて環境を整えよう

リクガメは昼行性ですので、朝になると目覚めます。しかし、夜間に体が冷えて活動能力が落ちているため、太陽のぬくもりなどで体が温まるまで、じっとしています。やがて体が温まるとエサを求めて歩き回り、日が高くなって気温が上がると、日陰や水のある場所に移動します。そして日が傾き、気温が下がり始めると活動を再開し、日没になるとねぐらに向かいます。このように、**気温の変化に合わせて歩き回ることで、体温をコントロールしているわけです。**日中

自ら適温を求めて動き回ります。

の愛らしい動きには、ちゃんとした理由があるのです。

リクガメのそんな性質を理解して、例えば朝は光が当たるように、あるいは、日中は室温が上がり過ぎないようにするなど、体温をコントロールしやすい環境を整えてあげましょう。

CHECK 一日の生活パターン

▶夜間に体が冷え、動きが鈍くなっています。日光浴をして体を温めることから一日がスタートします。

▶エサは体温が上がってきてから与えましょう。

▶体が温まってきたら、エサを求めて歩き回ります。食欲も旺盛です。

▶気温が上がると、物陰などに移動して体温が上がり過ぎないようにします。

▶気温が少し下がり、過ごしやすくなると再び活発に行動し始めます。

▶寒くなる前にねぐらに向かいます。体温を維持できるように風が当たらない物陰などを好みます。

［選び方］

一目ぼれしても衝動買いはNG！

★ 種類や生態を調べ、自宅の飼育環境をよく考えて購入しよう。
★ 「大きさ」「ルックス」「飼いやすさ」などが、リクガメ選びのポイント。
★ 購入時は信頼のおける店員などに相談すると安心。

後悔したくないなら十分な下調べを！

ペットショップでリクガメに一目ぼれしても衝動買いはいけません。事前にリクガメの種類や生態を調べ、自宅に飼育環境が整えられるかを検討しましょう。また、ショップでは専門のスタッフに相談することをお勧めします。それを怠ると必ずと言ってよいほど後悔することになります。途中で飼えなくなって捨てるような行為は決して許されません！

リクガメ選びのポイントの一つが、成体の「大きさ」です。幼体は手のひらに収まるサイズでも、成長すると50 ～ 100cmになり、持ち上げるのにも一苦労という大型の種類もいます。そうなると、部屋の片隅に置くようなゲージではとても飼えません。

言うまでもなく「ルックス」もとても大事です。顔つきの愛らしさも大きな要素になりますが、見逃せないのが甲羅です。これは種類によってずいぶん違います。

飼いやすさを十分に検討して

ここで忘れてならないのが、**「飼いやすさ」は種類によって大きく異なるということです。**見た目だけを優先して難易度の高い種類を選んでしまうと、飼い主ばかりか、リクガメにとっても、悲劇的な結末を招くことになりかねません。本書をよく読んで知識を深めるとともに、購入時は信頼の置ける店員に相談すると安心です。

CHECK 自分に合ったリクガメとの出会い方

特に幼体は衝動買いしたくなりますが…… グッと我慢しましょう。

ケヅメリクガメはこんなに大きくなります。

「大きさ」を知ろう

▶リクガメの成体のサイズは、種類によってかなり大きな違いがあり、10cm から 1m までさまざま。

▶サイズが大きくなるほど飼育には広いスペースが必要になります。エサや排泄の量が増えるため、手間や費用の負担も大きくなります。

「ルックス」を知ろう

▶甲羅の模様は、リクガメの個性です。色、形、文様と、さまざまな観点から選ぶようにしましょう。

「飼いやすさ」を知ろう

▶リクガメの飼いやすさは、大きさ、生息地の気候風土、体の丈夫さといった要因によって異なります。

▶自分がどれくらいリクガメに手をかけられるかをよく考えて種類を選びましょう。

プロからのアドバイス

複数のリクガメを飼ってもいい？

リクガメは自然界では単独行動ですので、仲間がいなくても寂しさを感じません。飼育時も 1 つのケージに 1 頭が無難です。複数を一緒に過ごさせると、エサの取り合いや噛み付きなどの恐れがあり、弱ってしまうこともあります。ただ、中には仲良く共存できる個体もいますし、複数の方が相乗効果によって食欲が良くなる場合もあります。ただし、一つのケージに飼うのは、同じ種類にしてください。好む環境も性格も違うため、どちらかが弱ることがあります。

同じ種類の方が上手くいくことが多いようです。

［入手方法］

10 十分な説明を受けられるお店で！

★ ショップには、対面販売と十分な説明が義務付けられている。
★ 専門ショップは、種類が多く、店員の専門知識が豊富。
★ 飼い主から譲り受ける場合は、それまでの育て方をよく聞く。

リクガメとの幸せな出会い方

リクガメは日本の自然界には存在しませんから、入手方法を大きく分けると、ショップで購入するか、飼い主から譲り受けるかのいずれかになります。

全国に点在するホームセンターや総合ペットショップで購入できますが、種類が少なかったり、リクガメについての専門知識が乏しいことがあります。そうしたマイナス面を考えると、**リクガメ専門店、または爬虫類専門店での購入が安心です。種類も豊富に揃っていますから比較検討できるうえに、飼育法などを詳しく聞けます。**残念なことに、こうした専門店は

プロからのアドバイス

確認したいこと

リクガメを取り扱う店舗では、健康体で飼い主に引き渡すために、ちゃんと管理していることを示す「トリートメント済み」という言葉をよく耳にします。しかし、トリートメントの方法は統一されていませんので、この点を店員に確認すると安心です。例えば、トータス・スタイルでは、すべての個体を番号で管理し、温浴は一個体ごとに行い、必要に応じて温浴時に採った便から顕微鏡を使って寄生虫を採取し診断しています。

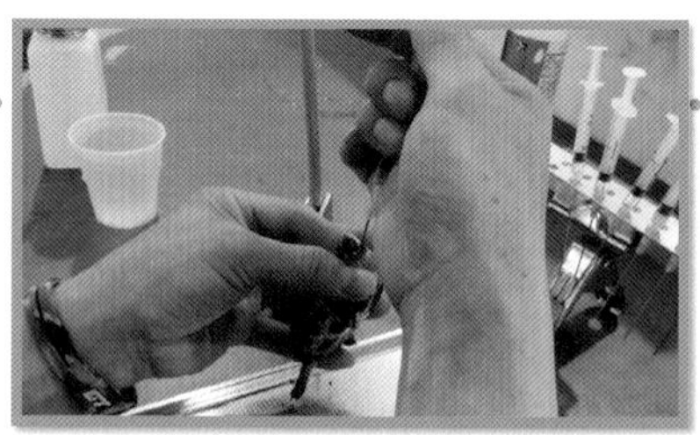
トータス・スタイルでのトリートメント。

信頼できるショップを見極めることが大切。

CHECK ショップ選びの注意点

- ▶店内やケージが清潔に保たれている。
- ▶リクガメのコンディションに気を配っている。
- ▶店員がリクガメに詳しい。
- ▶飼育グッズを提案してくれる。

それほど多くありません。そこで頼りになるのが本書のような専門書です。

以前はインターネットによる通信販売もさかんでしたが、動物愛護管理法の改正により、2013年9月以降、対面販売を通じて個体の状態・特徴などについて十分に説明をすることが義務化されました。

 譲り受けるときの注意点

飼い主から譲り受ける場合は、知り合いのツテが考えられるほか、近年は、インターネット上で里親を募集するウェブサイトもあります。いずれのケースでも、それまで順調に成長しているのであれば、どのようなお世話をしてきたかを詳しく聞いて、環境を大きく変えないようにしましょう。特に**リクガメはエサの好き嫌いが多く、エサの種類はもちろん、与える量や頻度もしっかり聞いておいてください。**

また、幼体は可愛らしい半面、飼育は容易ではありません。自信がない人は、甲長10cm以上のものを選ぶ方が無難でしょう。

CHECK 「C.B.個体」と「W.C.個体」

ショップでは、「C.B.個体」と「W.C.個体」という表記を目にします。「C.B.」はCaptive Breed（キャプティブブリード）の略で、人が繁殖・飼育したという意味。「W.C.」はWild Caught（ワイルドコート）の略で、野生環境から捕獲した個体を指します。
C.B.個体のほうが、寄生虫や病気の心配が少なく、飼いやすいでしょう。ただし、大半は輸入されたものですから、必ずしも日本の気候に適応しているとは言えません。
W.C.個体は、大きな環境の変化を経験し、ダメージを受けている可能性があるほか、寄生虫はほぼ確実にいるため駆虫をする必要があります。一方で、日光をたっぷりと浴びて育つため、甲羅がきれいに成長している個体が多いなどの良さがあります。

［健康チェック］

11 健康状態を判断する目を養おう！

★ 初心者が状態の悪い個体を快復させるのは非常に難しい。
★ いろいろなリクガメを見て、健康状態を見分ける目を養おう。
★ 健康状態を見分けるには、特に注意すべきポイントがある。

健康チェックのポイント

［目］目は生き生きとしているか

健康なリクガメは目をパッチリと開いています。涙目、まぶたが腫れている、目がうつろな個体は避けましょう。

［鼻］鼻水は出ていないか

鼻水が出ていたり、鼻腔の周りが赤く腫れている場合は、病気にかかっている可能性があります。

［口］舌はきれいか

舌がきれいでピンク色をしているか、また口の周りにネバネバしたヨダレのようなものが付いていないかをチェックします。

［動き］よく動き回っているか

甲羅の中に引っ込んだままではなく、歩き回っているかを見てください。持ち上げると、こちらの様子をうかがったり、逃げようとしたりするのも元気の表れです。

［動き］しっかりと歩いているか

腹甲を床に付けず、4本の足でしっかりと歩いている個体を選びます。甲羅を引きずって歩く個体は弱っている可能性があります。

リクガメの健康状態を見分けるのは難しい

初心者が状態の悪いリクガメを快復させるのはとても困難です。可哀想ではありますが、弱った個体は避けてください。ショップでリクガメを選ぶ際には店員の情報も参考になりますが、ある程度、自分でも判断できる知識を持っておくといいでしょう。

一見して状態が良くないのが分かればいいのですが、リクガメの健康状態を判断するのは容易ではありません。できれば**一軒目で即決せずに、いろいろなお店を巡って見る目を肥やしてください。**たくさんのリクガメを見て歩く経験と知識は、その後の飼育に大いに役立ちます。

[甲羅・皮膚] 甲羅や皮膚に異常がないか

甲羅が内出血していたり、柔らかい場合は、病気の可能性があります。皮膚に傷やできものなどがないかもチェックしましょう。

[総排泄孔] 総排泄孔はきれいか

総排泄孔の汚れがひどい場合は下痢をしている可能性があり、内臓疾患などの疑いや、駆虫処置が必要な場合があります。

[体型] 痩せていないか

持ち上げたときにズッシリとした重みを感じる個体は健康なことが多いようです。前足が痩せていないかもチェックし、肉付きが悪い個体は避けましょう。

[食欲] しっかりとエサを食べるか

店員に頼んでエサを与えるところを見せてもらいましょう。元気に食べ始めたら安心です。

知っておきたい亀知識 ❶

リクガメの飼育にかかる費用は？

飼い始める前に、しっかりと計画を立てましょう。

これからリクガメを飼う人にとって、どれくらいの費用がかかるのかは切実な問題です。もちろん、種類により飼育法が違いますし、どれだけリクガメにお金を注ぎ込むかは個人差がありますが、あくまでも一例として目安を示します。

リクガメの購入費

リクガメの値段は、種類に加え、大[illegible]さや輸入状況などによっても変動します。1 頭あたりの値段の目安は次のとおりです。

- **ギリシャリクガメ**
  1 万～ 3 万円程度
- **インドホシガメ**
  20 万～ 70 万円程度
- **パンケーキリクガメ**
  20 万～ 50 万円程度
- **ヘルマンリクガメ**
  1.5 万～ 3 万円程度
- **ヒョウモンガメ**
  1.5 万～ 3 万円程度
- **ケヅメリクガメ**
  2 万～ 3 万円程度
- **エロンガータリクガメ**
  3 万～ 5 万円程度

飼育設備・グッズ

ケージなどの飼育環境は、市販品を揃えるか、手づくりするかによって大きく異なります。以下は一般的な市販品を揃えた場合の目安です。

- **ケージ、ライト、床材、ヒーター、その他小物など、最低限必要な設備・グッズ**
  3 万～ 5 万円程度

月々の費用

月々にかかる費用もあります。

- **エサ代**
  月 1000 ～ 2000 円程度（小型の場合）
- **電気代**
  月平均 1500 円程度（ケージを置く場所の温度や保温方法によってかなり差が出ます）

このほか、体調を崩したときの医療費、長く家を空けるときのペットホテル料なども想定しておきましょう。

第2章

リクガメを飼ってみよう

いよいよリクガメが家にやってくる！

リクガメが
快適に過ごせるための
お世話について
説明します。

［移動方法］

リクガメ飼育は最初が肝心！

★ 移動中はできるだけ振動をさせないように。

★ 家に着いたら落ち着くまで静かに過ごさせる。

★ 落ち着いたらエサをあげよう。食べてくれなくても心配しないで。

家に着いたら静かに過ごさせよう

リクガメは振動を嫌いますから移動は苦手です。そのため、いよいよ我が家に連れて帰るというところから、十分に注意を払わなければなりません。**電車やバスで移動する場合は混み合った時間を避け、車での移動は同乗者の膝の上に箱を乗せてあげるくらいの心遣いがほしいところです。**また気温が 20℃を下回る場合は、クーラーバックなどの保温性の高い入れ物にカイロを入れる配慮が必要です。

移動中は大きなストレスがかかっていますから、まずは静かに落ち着くまで待ってあげてください。また、あらかじめショップに温度や湿度を聞いて同じ設定にしておくのも忘れないでください。

安全な場所だと分からせよう

家では初めに温浴をして（P.66）、水を飲むようなら飲ませます。その後はケージに入れて、落ち着くまで様子を見ます。**リクガメが「ここは安全な場所だ」と感じたら、しだいに落ち着いてきますので、エサを与えてみましょう。**

ここで食べてくれるようなら一安心ですが、あまり興味を示さないことも少なくありません。それでも、**リクガメは数日間エサを食べなくても大丈夫です。**慌てて与えようとせず、温度管理などが適切かを確かめましょう。2～3日経ってもまだ食べないようなら、まずは購入したショップに相談し、場合によっては爬虫類の診療を受け付けている病院に連れていきましょう。

CHECK リクガメの迎え方

❶ ショップではリクガメを箱などに入れてくれます。移動中に動いてぶつからないように新聞紙などを詰めると安心です。ショップによって梱包方法に違いがありますので、心配な場合は事前に確認し、必要に応じて箱や新聞紙を持っていくと良いでしょう。

❷ 家に到着したら、しばらくは静かな環境で過ごさせましょう。落ち着いてきたらエサを与えます。購入したショップの店員に好みのエサを聞いておくといいでしょう。

❸ 1週間ほど経って環境に慣れたら、動物病院で健康診断を受けるようにします。身体測定や寄生虫のチェックなどをしてくれます。

※トータス・スタイルでは、C.B. 個体などで駆虫処置が不要と判断したもの以外は駆虫処置を済ませ、個別に状態を管理して販売しています。こうした管理がされている場合は、移動などでかえって負担になりますので、必ずしも動物病院に連れて行く必要はありません。

温浴をさせてあげると気分がリラックスします。

エサを食べてくれたら一安心です。

［飼育グッズ］

13 こんな飼育グッズが必要！

★ 必要な飼育グッズを揃えてからリクガメを迎えよう。
★ 飼育グッズの吟味が、飼育知識を深める。
★ 初心者は飼育グッズをまとめたセットを入手するのもお勧め。

室内に自然環境を再現するために

リクガメ飼育では、室内に自然環境を再現することを目指しますから、相応の器具を用意しなければなりません。**それらの一つひとつを吟味することで飼育に関する知識は深まり、代用などのアイデアも浮かぶようになります。** いうまでもなく、専門知識は一朝一夕に身につくものではありませんから、初心者は「飼育機材○点セット」といったお得なセットを入手するのもいいでしょう。

CHECK 飼育に必要なグッズ①

ケージ

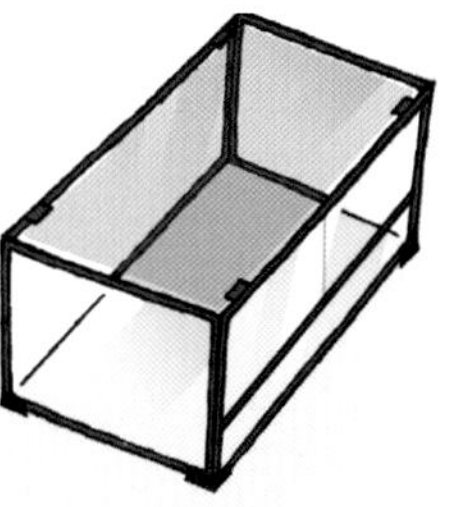

ケージ大きければ大きいほどリクガメにとって快適な空間となります。しかし、部屋の広さと相談する必要がありますし、大きい空間はそれだけ保温が難しくなるというマイナス面もあります。そこで基準となるのが成長したときの大きさです。買い主の生活を圧迫することなく、リクガメが相応に動き回れるくらいのサイズにすると良いでしょう。観察のしやすさや通気性も考慮したいポイントです。またアクリル製は軽くて扱いやすいのですが、リクガメの爪で傷が付きやすいという弱点があります。

■ ケージのサイズの目安

甲長	サイズ（横幅）
8cm 以下	60cm
8 ～ 15cm	90cm
15cm 以上	90cm 以上

床材

最も安全なのは爬虫類専用の床材です。ヤシガラやモミ樹皮、ウォールナッツサンド、ウッドチップなどがありますので、乾燥を好むか、湿潤を好むか、また土に潜る習性があるか、などを考慮して選びましょう。

床材として新聞紙を使用する人も多いようですが、歩行障害を招くおそれがあるため、あまりお勧めできません。

紫外線ライト

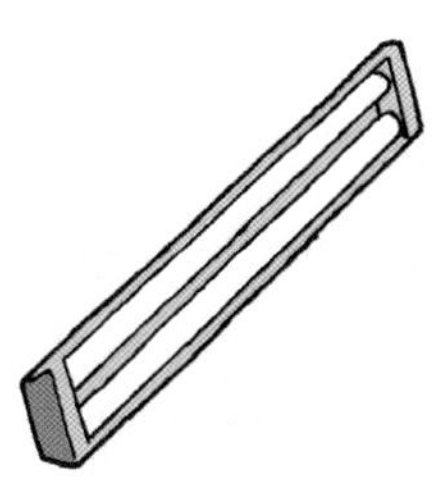

ケージ内の照明という役割もありますが、それ以上に大事なのが紫外線です。リクガメの体は、紫外線に当たることで、カルシウムを吸収するために不可欠なビタミンDをつくり出します。ガラス窓越しの日光は紫外線がカットされていますから、室内飼育であれば紫外線ライトが必需品になります。

サーモスタット

保温器具やホットスポットをセンサーにつないで、ケージ内の温度を一定に保ちます。センサーが温度を感知し、接続する器具の電源を自動的にオン・オフして、ケージ内を一定の温度に保ちます。

温湿度計

温湿度管理はサーモスタットに頼り過ぎず、実際に温湿度を見て確認しましょう。ケージ全体の環境を把握するための温湿度計、さらにホットスポットの温度を測定するための温度計を、それぞれ1つ設置すると良いでしょう。一般の温度計よりやや高価ですが、一定期間内の最低・最高温度を記録する「最高最低温度計」があると、温度管理がよりしやすくなります。

ホットスポット用ライト

局所的に温度の高い場所をつくるためのライトです。リクガメが体を温めたいときに移動できます。35～40度くらいが目安です。

保温用ライト

ケージ全体の温度を保つためのライトです。昼夜兼用なので明るい光を発しません。サーモスタットに常時つなげて設定温度を保ちます。大きさやワット数は、ケージのサイズなどに応じて選びましょう。

第2章

［飼育グッズ］

14 できれば便利グッズも用意しよう！

★ 飼育グッズは、リクガメやケージのサイズに合わせて選ぼう。
★ 必需品ではないが、飼育が楽になる便利グッズもいろいろある。

便利グッズの購入も検討しよう

飼育グッズはさまざまなサイズや形状のものが販売されていますので、自分が飼うリクガメや使用するケージの大きさなどに合わせて選びましょう。ここでは、必需品の続きと、リクガメが過ごしやすくなったり、飼い主の負担を軽減したりしてくれる便利なグッズを紹介します。

CHECK 飼育に必要なグッズ②

パネルヒーター

ケージの底に敷くタイプのフィルム型のヒーターです。人にとって床暖房が心地良いように、リクガメも底から温めると元気になるようです。防水型のものを選ぶと、ケージ内に入れることができますが、低温やけどには注意してください。

シェルター

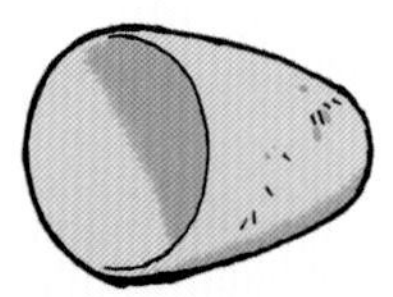

リクガメが落ち着いて身を隠せる場所を設置しましょう。専用シェルターの市販品もありますが、植木鉢で代用したり、リクガメのサイズに合わせて手づくりしても良いでしょう。日中、ずっとシェルターに入ってしまう場合は紫外線不足になるので、夜間のみ設置するなどしましょう。

水入れ

カメは水浴びをすることで皮膚から水分補給をしたり体温を調節したりもしますから、水入れの役割は飲み水の器だけではありません。リクガメが入れるようなサイズ

のものを用意しましょう。また、水入れはケージ内の保湿にも役立つということも知識として入れておきましょう。

エサ入れ

一般的なお皿で代用しても構いません。前足を引っかけても引っくり返らないような、浅めのものを選びましょう。

CHECK あると便利なグッズ

ファン

湿気がこもりやすい時期や、ケージ内が高温になる真夏にファンがあるとずいぶん快適になります。ただし、風がリクガメに直接当たらないように、設置場所に気を付けましょう。

霧吹き

ケージ内に湿り気をもたらします。あまり水を飲まない場合は、この霧吹きでエサを湿らせてあげれば水分補給になります。

はかり

定期的に身体測定をすると成長が実感できますし、健康管理にも役立ちます。料理用などとして市販されている1g単位で測定できるはかりが使いやすいでしょう。はかりで測れないほどに大きくなったリクガメは、飼い主が抱っこして体重計に乗り、合計体重から飼い主の体重を差し引いて測るという方法があります。

アクセサリー

岩や流木などを入れると、ケージ内のデザインが引き立ちます。海や川などで拾った自然物を使う場合は、くれぐれも衛生面には気を付けてください。また大き過ぎるものを置いて、リクガメの活動の邪魔にならないように気を付けましょう。

[飼育グッズ]

15 機器をセッティングしよう！

★ セッティング後、数日間試運転をして適切な環境かをチェックしよう。
★ リクガメは繊細な生き物です。器具類の取り扱い説明書はしっかり読んで使用してください。
★ ケージは、直射日光が当たらず、温度変化が小さい場所に設定しよう。

数日間の試運転をしよう

飼育グッズが揃ったらセッティングしてみましょう。照明器具や保温器具などいろいろなものがあって複雑ですので、**試運転をして、どの時間帯も望ましい環境になっているかを確認しましょう。**

各機器には使用上の注意点がありますので、面倒くさがらずに取り扱い説明書を参照しましょう。例えば、ホットスポット用ライトの照射距離が近過ぎたり、パネルヒーターの設置場所を誤ると、リクガメが低温やけどを起こすことがあります。

直射日光の当たらない場所に設置

ケージの設置場所は、直射日光が当たらず、温度変化が小さいところが理想です。 できるだけ日光に当てさせてあげたいという思いから窓際に置く人も多いようですが、夏はもちろん、春や秋でもケージ内の温度が上がり過ぎることがあるため危険です。また窓際に置くと冬場は温度が下がりやすく、温度管理が難しくなります。

飼育ケージは、一度セッティングをしたら終わりではありません。飼っているリクガメの個性を飼育しながら見極めて、最良の環境づくりを常に模索するという思いやりが大切です。

快適な環境の中ではリクガメも元気になります。

CHECK セッティングの手順

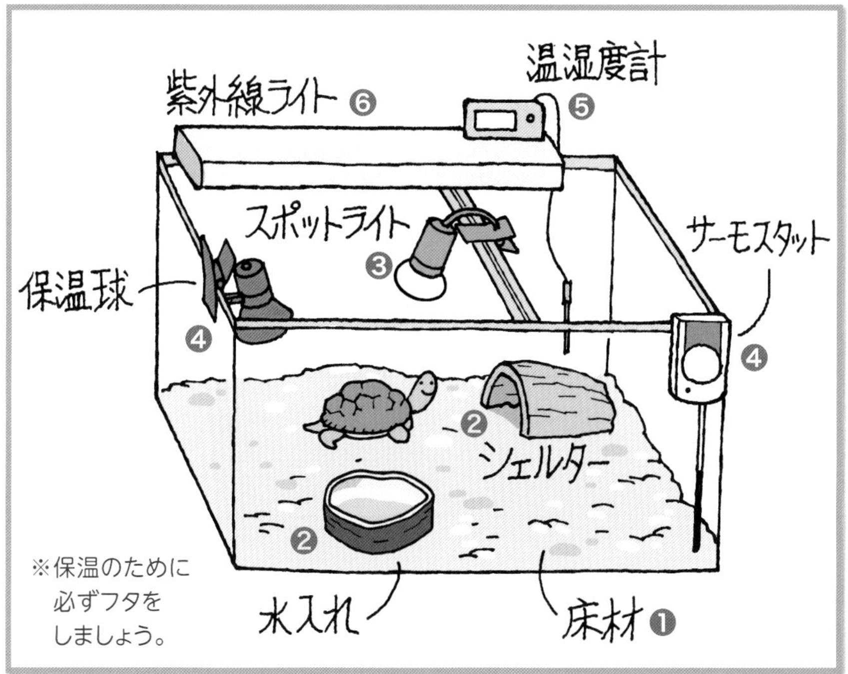

❶ ケージにパネルヒーターと床材をセットしましょう。床材は床が完全に隠れる程度敷きます。

❷ シェルターや水入れを設置します。床材に少し埋まるようにして置くと安定します。

❸ ホットスポット用ライトを設置します。光が当たるところに平らな石を置くと、腹甲から温まることができます。

❹ 保温用ライトとサーモスタットを設置します。サーモスタットのセンサーは、リクガメが行動する高さに合わせましょう。

❺ 温湿度計をセットします。ケージ全体用の温湿度計は、ホットスポットから離してください。

❻ 紫外線ライトを取り付けます。この作業を終えたら、すべての電源を入れて試運転をしてみましょう。

［飼育環境］

16 リクガメの環境タイプを把握しよう！

★ 自分の飼うリクガメが好む環境タイプを把握しよう。
★ 環境タイプ別に飼育環境の調整が必要。

環境タイプは大きく3つに分類すると分かりやすい

リクガメは生息する地域によって好む温度や湿度に大きな差があります。そのため、自分の飼うリクガメにとって望ましい環境を知り、飼育環境を調整することが大切です。

リクガメの種類によって、「適度な乾燥を好むタイプ」「乾燥を好むタイプ」「多湿を好むタイプ」に大きく分類できます。該当するタイプの特徴を確認して飼育環境づくりをしましょう。

どのリクガメにとっても日本の気候が必ずしもベストではないことは、つねに意識しておきましょう。

CHECK 環境タイプ別の飼育環境づくり

適度な乾燥を好むタイプ

温暖な地域に分布するリクガメで、日本の気候にも比較的順応しやすいタイプです。チチュウカイリクガメ属などが該当します。

このタイプに属するのは

▶ギリシャリクガメ、ヘルマンリクガメ、フチゾリリクガメ、パンケーキガメ、ヨツユビリクガメなど

注意点

▶湿度は 40 ～ 60%を好む
▶冬は温度の下がり過ぎと乾燥し過ぎに注意

床材には

▶程良い湿り気を保つヤシガラなどがお勧め

乾燥を好むタイプ

乾燥した荒地や草地に棲むリクガメです。湿度が高いと体調を崩しやすいため注意が必要です。逆に、乾燥し過ぎも体には良くありません。

このタイプに属するのは

▶ヒョウモンガメ、ケヅメリクガメなど

注意点

▶湿度は40～50%を好む
▶通気性を良くする
▶夏は高湿度にならないように注意

床材には

▶乾燥しやすいウールナッツサンドなどがお勧め。粉じんが出やすいため、子亀には不適

多湿を好むタイプ

リクガメは熱帯雨林などの多湿の環境に分布しますから、ケージ内の湿度を高く保つことになりますが、カビや細菌が繁殖しやすくなる環境でもありますから、こまめなケアが欠かせません。

このタイプに属するのは

▶インドホシガメ、ビルマホシガメ、アカアシガメ、キアシガメ、エロンガータリクガメなど

注意点

▶湿度は60～80%を好む
▶最低温度は高めに設定する
▶冬は乾燥に注意

床材には

▶水分を含みやすいバークチップなどがお勧め

あなたのリクガメは
どのタイプでしょうか?

[飼育環境]

17 室内での放し飼いは問題点も

★ 室内での放し飼いは衛生面が気がかり。
★ 部屋を歩かせるときは飲み込んだら困るものは置かない。
★ 室内は高さによって温度が異なることに注意する。

 室内の放し飼いは難しいケースも

リクガメを飼っていると、可愛さあまって部屋の中で放し飼いをしたいという思いになるかもしれません。しかし、**体に排泄物の菌が付着していることがありますし、排泄場所のしつけもできませんから、飼い主と同じ室内で暮らすのは衛生面を考えると必ずしもお勧めできません。**たまに室内を歩かせるくらいなら問題ないかもしれませんが、屋内で放ってあげるときには、いくつかの注意点があります。

 室内は高さによって温度が違う

まずリクガメに入ってほしくないスペースは板などで区切るようにしましょう。そして**行動範囲には、リクガメが飲み込んでしまってはいけないものを取り除いてください。**例えば、タバコを飲み込んでしまったら一大事です。

またケージでの飼育と同様に、**紫外線ライトの設置が必要です。**ガラス窓越しの日光浴では、リクガメの成長に必要な紫外線は得られないと考えてください。

また**人間の頭の高さと、リクガメが行動する床に近い位置では、かなり温度差があることにも注意してください。**冷房や暖房で温度調節をする際には、扇風機やサーキュレーターなどを使って室内の空気を循環させましょう。

部屋の中を歩かせると、リクガメにとっても楽しい発見がありそうです。

プロからのアドバイス

ケージの自作もお勧め!

市販のケージにはいろいろなサイズがあるものの、自分が置きたいスペースにぴったりと収まるものはなかなか見付けられないという悩みをよく耳にします。そんな悩みを一気に解消するのがDIY、つまり、手づくりのケージです。しかし、大工仕事は思いほか手間なもの。苦手だというなら、工務店などに頼むという方法もあります。

リクガメを家に迎える前につくっても良いのですが、しばらく飼ってから設計する方が、どのようなつくりにすれば喜ぶかが、より明確に見えるでしょう。具体的な設計に関してはDIY関連の書籍に譲りますが、リクガメの大きさに合わせたり、習性を踏まえたりして、リクガメの使い勝手を優先したものをつくりましょう。ライトなどの飼育グッズの設置場所をイメージしながら設計するのがコツです。ケージ内は湿度が高くなりますから、腐敗防止のために底面などに防水処理を施すこともお忘れなく。

「お庭」付きの自作ケージ。とても快適に暮らせそうです。

リクガメの観察しやすさにも配慮してつくられています。

部屋のサイズに合わせて自作した大型のケージです。

スロープを設定し、天気がよい日はベランダに歩いて行けるつくりにしています。

［飼育環境］
18 リクガメも喜ぶ屋外飼育！

★ 温暖な時期は、太陽の下で過ごせる屋外飼育もお勧め。
★ 屋外飼育では、屋内以上に気候の変化に気を配ろう。
★ 脱走や外敵など、屋外ならではのリスクにも対策を。

屋内飼育にはないリスクもある

住宅事情によりますが、温暖な時期は屋外飼育をしてあげられたら理想的です。やはり自然の太陽の下で過ごさせるのが一番ですし、広いスペースを用意できれば運動不足とは無縁になります。ただし、**屋内飼育にはないリスクが伴いますので注意が必要です。**

まず、**屋外飼育で注意を払わなければならないのが気候の変化です。**真夏の直射日光は強過ぎますから、シェルターなどの日よけは必要不可欠ですし、逆に冬は厳しい冷え込みに見舞われますから、室内での越冬を想定しておきたいところです。また雨が続く時期は、十分な雨よけがなければ、室内に入れてあげるようにしましょう。

脱走や外敵にも要注意

脱走対策も万全にしてください。フェンスがあるからと油断していると、わずかな凹凸に爪を引っ掛けてよじ登っていなくなってしまうことがあります。また、リクガメは穴を掘るのが得意ですから、トンネルを掘って脱走することもあります。それを防ぐためには、フェンスの下にネットを埋め込むなどの対策が必要になります。

外敵にも注意が必要です。リクガメを狙うのは、イヌやネコ、カラス、地域によってはタヌキやキツネなどがいます。こうした外敵から守るには、上部にネットを設置するなどの対策を講じましょう。

第2章

CHECK 庭を利用した屋外飼育

暖かい時期だけでも
自由に庭を歩き回ることが
できると理想的です。

囲い

▶脱走や外敵の対策として十分な高さの囲いをしましょう。ブロック塀などでも良いでしょう。

植物

▶低木を植えたり、プランターや植木鉢に植物を植えると、日よけになります。リクガメが食べても害のない植物を選びましょう。

岩

▶リクガメが隠れられるような岩場をつくりましょう。

日よけ

▶大きめの板などで日よけをつくれば、雨よけにもなります。

シェルター

▶簡単な小屋を置くと、夜間などにリクガメが過ごせるスペースになります。

リクガメにとっては
自然により近い環境で
過ごせることが喜びです。

［飼育環境］

ベランダ飼育を楽しもう！

★ ベランダのスペースを活用して屋外飼育をしよう。
★ 室内に比べて気候の変化の影響を受けやすいので注意しよう。
★ 転落事故は命取りとなりかねないので、対策は万全に。

開放感があって気持ち良いベランダ飼育

マンションなど集合住宅でも、ベランダを利用した屋外飼育が可能です。**春や秋など温暖な時期にベランダに出してあげるだけでも健康面はもちろん、開放感がありますから気持ちもいいはずです。**

ベランダで飼育する際の温度管理などの注意点は、基本的に庭で飼育するケースと同様です。ただし、ベランダの床が直射日光を受けると高温になりやすい素材の場合は、シートを敷くなど、高温防止策を講じましょう。また風通しが悪いと熱がこもることがありますから気を付けましょう。

落下事故への対策は万全に

ベランダで飼育で何より心配なのが落下事故です。高さによりますが、落下による強い衝撃は命取りとなりかねません。フェンスなどにリクガメが通れそうな隙間がある場合はネットを張るなどの対策をしましょう。リクガメは、 庭での飼育と比べて外敵のリスクは低くなりますが、目ざといカラスなど、恐ろしい敵が目を光らせています。**市販の防鳥ネットを設置しておけば安心でしょう。**

またリクガメが好きな野菜をセレクトしてベランダ菜園をすれば、おなかが空いたときに自分でつまみ食いできるようになりますし、日陰ができれば日よけになるなど、良いこと尽くめです。

CHECK ベランダを利用した飼育

ベランダはけっこう
日差しが強いので注意。
こんな感じでダンボールも
シェルター代わりに
なります。

フェンス

▶リクガメが通れる隙間がある場合はネットを張るなど対策しましょう。

シェルター

▶シェルターなど、リクガメの隠れ家となる場所を設けましょう。

遊び場

▶土の遊び場があるとリクガメが喜びます。

水入れ

▶水分補給のために水入れを置いておきましょう。

プランター

▶リクガメの好む食物を植えてはいかがでしょうか。日よけにもなって一石二鳥です。

太陽の下で過ごすと、
やはり室内よりも
気持ちが良さそうです。

[一日のお世話]

20 規則正しい生活を心がけよう！

★ 一日のお世話はできる限り規則正しく行おう。
★ リクガメの体温の変化を想像しながらお世話しよう。
★ 日々のお世話の中で食欲や見た目に異常がないかをチェックしよう。

昼夜の生活リズムをつくろう

一日のお世話を規則正しく行うことで、リクガメの暮らしも健康的になります。

リクガメは昼行性ですので、照明は朝に点灯し、夕方や夜に消灯します。家を空けるなどの都合で難しい場合は、タイマーを使って管理すると良いでしょう。

規則正しい生活で心身の健康を維持しましょう。

食事は、リクガメの体が温まって活動的になるまで待ってください。掃除や日光浴などは食後から少し時間をおいて、落ち着いた頃合いを見計らってするようにします。夜寝る前はしだいに体温が下がり、のんびりとしてきます。この時間にエサを与えると消化不良を起こしますので避けてください。

日々の健康チェックを欠かさずに

お世話をする中で、リクガメの様子に異常がないかを確認することが健康管理のポイントです。もし、食欲が大きく変化している様子が見られるようでしたら、まず体調不良を疑いましょう。また、時には手に取って体中を隈なくチェックし、病気の早期発見に努めることも大切です。

一日のお世話の流れ

▶紫外線ライトとホットスポット用ライトを付ける

日光代わりになります。しだいにケージ内の温度が上昇します。

▶リクガメの様子をチェック

毎朝、健康管理のために異常がないかをチェックしましょう。

▶ケージ内の温度や湿度を確認

最高最低温湿度計を設置し、夜間や早朝などにどれくらい温度が変化しているかを確認しましょう。特に季節の変わり目には注意しましょう。

▶エサを与える

体が温まって活動的になってきたらエサを与えましょう。成体は1日1回が基本。お昼に不在の場合は、朝のうちに与えます。

▶ケージ内の掃除

排泄物などを取り除きましょう。

▶日光浴をさせる

天気がよく温かい日は、日光浴をさせてあげると喜びます。その際、外の気温を必ず確認しましょう。個体によりますが、28 ～ 33 度程度が日光浴のできる目安です。温浴をさせる場合は、日中にしましょう。

▶紫外線ライトとホットスポット用ライトを消す

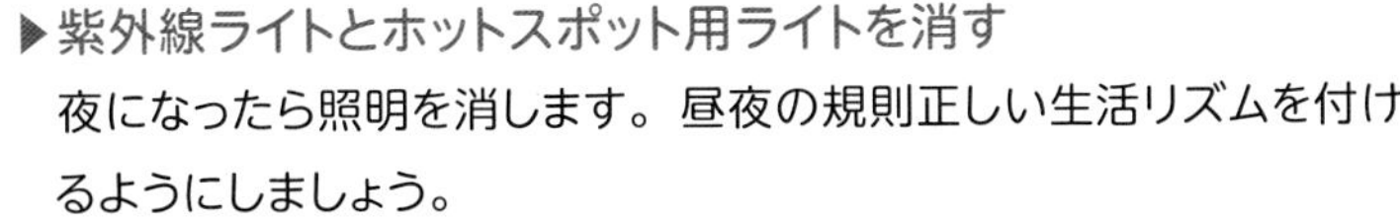

夜になったら照明を消します。昼夜の規則正しい生活リズムを付けるようにしましょう。

▶消灯後、食べ残しを取り除く

放置しておくとケージ内が不衛生になりやすくなります。

▶温度や湿度を管理

気持ち良く眠れるように、温度や湿度などケージ内の状態を確認しましょう。保温球は昼夜ともサーモスタットにつなげたまま、一定の温度を保つようにしましょう。

［温度と湿度］
21 毎日こまめにチェックしよう！

★ 温度と湿度が少し変化しただけでも体調が変化する。
★ 温度はサーモスタットを使って自動的にコントロールする。
★ 湿度はファンを取り付けたり、霧吹きを使ったりして管理しよう。

環境づくりの第一歩

リクガメは温度と湿度が少し変化しただけでも体調に異変を来たすことがありますから、**温度と湿度の管理はリクガメ飼育の重要なポイントになります。**一口にリクガメと言っても、種類によって本来の生息地域は異なり、それによって体質に差があります。自分が飼うリクガメの生息地域を知り、適正な温度や湿度を整えるといった環境づくりが飼育の第一歩と言えるでしょう。

最適な温度と湿度を保つには

基本的に温度は、保温用ライト、ホットスポット、パネルヒーターを使って管理します。**24時間見守るのは不可能ですから、サーモスタットを**

プロからのアドバイス

ホットスポット

ホットスポットライトは、基本的に昼間は常時点灯するため、季節によって温度が上がり過ぎることがあります。それを防ごうとしてサーモスタットにつなぐと点灯と消灯を繰り返し、ホットスポットの意味がなくなってしまいます。夏場はワット数を下げ、それでも温度が上がり過ぎる場合は消してください。保温用ライトで全体の温度が適正に保てれば、ホットスポットがなくても問題はありません。

準備して自動的にコントロールすると間違いありません。

夜間はホットスポットを消すことになりますが、そのままでは適正な温度は保てませんので、保温用ライトとパネルヒーターで補うようにしましょう。特に冬場は、ケージのガラスやアクリルから冷気が伝わって部分的に冷えてしまいやすいので注意してください。

湿度は、乾燥を好むか、やや乾燥を好むか、または多湿を好むかは種によって異なりますが、最低でも 40 ～ 60% くらいは必要になります。 湿度が高い夏場はファンを付けるなどして風通しを良くしましょう。逆に湿度が低い時期は霧吹きで湿り気を与えます。こうした管理において湿度計は必需品と心得ましょう。

リクガメの体調を見ながら、
最適な温度や湿度を探っていきましょう。

CHECK 温度・湿度管理の注意点

夏場

温度（高い時期）

▶ケージは、できるだけ風通しの良い場所に置きましょう。室内でエアコンを使用する場合は、29 ～ 30 度程度に設定してください。日中、温度が上がってきたらフィルムヒーターはオフにするようにします。

湿度（高い時期）

▶湿度が高くなり過ぎたら、ファンを使って風通しを良くしましょう。リクガメに直接風が当たらないように。

冬場

温度（低い時期）

▶ケージは、暖房の効いた暖かい部屋に置きましょう。保温用ライト、ホットスポット、フィルムヒーターでは間に合わないくらい寒い場合は、断熱材でケージを覆うといいでしょう。

湿度（高い時期）

▶霧吹きで湿り気を与えましょう。水入れを置くことでも、多少湿度は上がります。

[掃除]

22 飼育環境を清潔に保とう！

★ 毎日の掃除は、食べ残しや排泄物を除去する程度。
★ 汚れが目立ってきたら大掃除をしよう。
★ リクガメは人にうつる病原菌を持っていることもある。

簡単な清掃は毎日必要

リクガメが健康に暮らせるようにケージは清潔に保ちましょう。

毎日の掃除は、食べ残しや排泄物の除去は欠かせませんが、極端に清潔にし過ぎても、リクガメは落ち着かないものです。食事皿や水入れを洗うくらいで構わないでしょう。

月1、2回は大掃除を

汚れが目立ってきたら大掃除を行いましょう。このときは、床材をすべて交換し、ケージや飼育グッズを水洗いします。**大掃除は月1、2回程度で良いと思いますが、排泄物の量などによっても異なるので、ケージ内の汚れ方を見て判断してください。**あまり汚れ過ぎると、床材にカビが発生するなどしてリクガメの体調を悪化させることがありますし、同じ室内に住む飼い主にとっても良いことではありません。

特に床材が汚れやすいので、大掃除のときに交換しましょう。

冬場に大掃除をするときは、掃除の間にケージから出したリクガメが体を冷やしてしまわないようにケアすることも忘れないようにしましょう。また床材の粉塵が舞いやすいため、マスクをして掃除をすることをお勧めします。

プロからのアドバイス

病原菌を持っていることも

リクガメは人にうつる病気を持っていることがあります。その一つが、広く自然界に存在するサルモネラ菌です。人に感染しても軽い下痢程度で済むことが多いと言われていますが、抵抗力の弱い乳幼児や妊婦、高齢者がいる場合は注意が必要です。

リクガメはサルモネラを保菌していても必ずしも症状を発しませんし、検便による検査でも必ず検出されるわけではありません。たとえ保菌していると分かっても、抗生物質を用いても完全に除去するのは困難です。そのため、リクガメはサルモネラを保菌していると考えて扱う方が良いでしょう。

サルモネラは、リクガメから人に経口感染します。そのため、リクガメを触ったり、掃除をしたりしているときは、手が口に触れないようにしてください。また水入れの水や床材は定期的な掃除で清潔に保ちましょう。

ケージ清掃の手順

毎日のお手入れ

① 食べ残しや排泄物を取り除く
② 食事皿と水入れを洗い、新しい水を入れる

食べ残しは、リクガメの様子を見ながら取り除きます。消灯後が良いでしょう。翌日に持ち越すのはNGです。

大掃除

① リクガメを移動し、すべての飼育グッズを取り出す
② 床材を取り除く
③ ケージや飼育グッズを洗浄する
④ 電気機器は濡らさないように、汚れをふき取る
⑤ ケージやグッズをよく乾燥させる。天日干しがベスト
⑥ 新しい床材を入れ、飼育グッズをセット

［季節のお世話］

23 四季を通じて適温を保とう！

★ 春・秋は過ごしやすいが、突然の気温の変化に注意しよう。
★ 真夏は部屋やケージの温度が高くなり過ぎないように配慮する。
★ 初心者が冬眠をさせるのは難しい。室内なら十分に越冬できる。

夏は室温の急上昇に要注意！

多くのリクガメが生息する熱帯や亜熱帯は、日本のように四季がはっきりとしていません。そのため、**リクガメが一年を通して健康的に過ごせるように、季節に応じた環境づくりをする必要があります。**

変温動物のリクガメは、春になって気温が上がると活発になりますが、3、4月は急に寒くなる日があるので気を抜けません。年間を通してサーモスタットを使用し、温度変化に対応しましょう。高湿度の梅雨時はエサや床材などにカビが生えやすいので、こまめにケアしてください。また除湿機を使用して部屋全体の湿度が高くなり過ぎないようにしたり、ケージから少し離れた場所にファンを置いて風通しを良くするのもいいでしょう。

高温多湿な夏は、温度対策が最大のポイント。うだるような暑さが続く時期は、ケージ内が暑くなり過ぎないように、エアコンやファンで調整してください。気密性の高い住宅は、留守中などに室温が驚くほど高くなることがありますので注意してください。電気代が気になるところですが、外出中もエアコンをつけっ放しにするなどの配慮が必要です。

天気が良く温かい日は、できるだけ散歩をさせるのが健康管理のポイント。

冬眠はさせず、室内で越冬させるのが無難

秋の注意点は、春と同様です。急激な気温の変化には十分に気を付けてください。必ずサーモスタットで温度を管理し、保温球が切れていないかチェックしましょう。

リクガメは寒さに弱いため、自然下のギリシャリクガメ、ヘルマンリクガメ、ヨツユビリクガメなど、チチュウカイリクガメ属のリクガメは冬眠します。しかし、冬眠に失敗するとそのまま死亡するリスクもあるため、**飼育下では必ずしも冬眠させる必要はありません。**特に初心者は暖房や保温球などでケージ内の温度を保って管理し、室内のケージ内で越冬させましょう。

快適な空間づくりに
ホットスポットを有効活用しましょう。

CHECK 季節の世話のポイント

春	▶暖かくなったと感じても、保温球はサーモスタットに繋げたまま温度を一定に保ちましょう。
夏	▶梅雨時は、除湿機を使うなどして湿度が上がり過ぎないように注意してください。 ▶室温の上がり過ぎや蒸れを防ぐために、扇風機やエアコンで室内の空気を循環させましょう。 ▶ケージ内が不衛生になりやすい時期なので、床材をマメに交換しましょう。
秋	▶気温が下がってから慌ててヒーターなどを設置するのではなく、少し早めに予備の保温球などを用意しておきましょう。
冬	▶保温には保温球のワット数を上げるのが効果的です。また電球はいつ切れるか分かりませんので、保温球は最低２個は設置しましょう。保温球はサーモスタットにつないでいれば、温度が上がり過ぎる心配はありません。 ▶乾燥させ過ぎないように注意しましょう。

［季節のお世話］

24 冬眠はくれぐれも慎重に！

★ 基本的に飼育下では冬眠をさせる必要はない。
★ 冬眠させる場合は冬眠容器を用意しよう。
★ 冬眠中も定期的に体調をチェックする。

飼育下で冬眠させる意味

基本的に飼育下のリクガメは、冬眠させなくて良いと考えてください。**冬眠は厳しい自然環境をやり過ごすための行動ですから、冬でも暖かい室内で過ごせるのなら、そもそも必要性がないのです。**しかし、寒い地域の屋外飼育で冬眠をさせる必要がある場合も考えられます。また冬眠をさせると繁殖をしやすくなるという説もありますので、ここでは冬眠の手順と注意点を説明します。

冬眠させる場合、夏の終わり頃に保温ライトを外し、自然の温度変化に体を慣れさせます。気温の低下につれ、リクガメの食欲が下がっ

CHECK こんな場合は冬眠をさせないで

- チチュウカイリクガメ属以外の、そもそも冬眠をしないリクガメ
- 甲長 10cm 以下。幼体は特にリスクが大きい
- 健康状態が良くない
- 年をとっていて体力が落ちている
- 購入して間もない

たらエサやりを中止します。冬眠中、腸の中にエサが残っていると腐敗して死亡する原因になるためです。ただし、水は用意してください。

動きが鈍くなったら冬眠容器に移すと、リクガメは自分で土を掘り、冬眠を開始します。

体調がおかしい場合は冬眠の中断を

冬眠中は、月1回ほど掘り出して様子をチェックしましょう。目がくぼんだり、鼻水を出していたり、体重が5%以上減少している場合などは、冬眠を中断し、温浴をさせて暖かいケージに戻してください。

人工的に中断しない場合は、10 ～ 15 度になると、自分で這い出してきます。完全に土から出るのを待って、ぬるめの温度で温浴をして、ケージに移してください。その後は、十分に日光浴をさせながら食欲が回復するのを待ちましょう。冬眠明けは体力が落ちていますので、異常があったら早めに対処する必要があります。

CHECK 冬眠容器のつくりり方

① 木製の箱に土を敷き、その上に土と落ち葉を混ぜたものを入れる。さらに表面に落ち葉を入れる。

② センサー式の温度計を入れ、土中の温度を計測する。

③ 最低気温は5～15度くらいを保つ。

④ フタをして、ベランダや物置など温度変化が激しくない場所に置く。

［日光浴］

成長には紫外線が不可欠！

★ 元気良く育てるには紫外線が必要。
★ 天気がよく暖かい日は外に出して日光浴をさせよう。
★ ケージには紫外線ライトを必ず設置しよう。

カルシウムが不足すると成長が阻害される

リクガメの甲羅はカルシウムでできているため、それを生成する、あるいは維持するためにも多くのカルシウムを必要とします。特に**成長期にカルシウムが不足すると、甲羅や骨が十分に形成されず、その後の成長に悪影響を及ぼしてしまいます。**

ところが、リクガメのエサとなる野菜や野草には微量のカルシウムしか含まれていません。その問題をクリアしてくれるのが紫外線です。**リクガメは甲羅や皮膚に浴びた紫外線から、カルシウムの吸収をうながが**

プロからのアドバイス

窓越しの日光浴

冬場は窓越しの日光浴という手がありますが、実はガラスはビタミンD3を生成するための紫外線B（UVB）をほとんど通しません。窓越しの日光浴にどれだけの効果があるかは不明ですが、リクガメがストレスを感じずにリラックスしているようであれば行ってあげましょう。紫外線は、紫外線ライトを浴びさせて補いましょう。また、密閉したケージの場合は、冬の日光でも内部が高温になることがあるので気を付けてください。

紫外線の浴びさせ方

屋外

天気がよい日は日光浴ができるよう庭やベランダで過ごさせましょう。ただし、真夏は日射病や熱中症が心配ですから、気温が比較的低い午前中に行うと良いでしょう。また冬場は体が冷えてしまうため、日光浴はお休みを。

※ただし日光浴にこだわり過ぎるのも危険です。屋内飼育に慣れたリクガメは、急激な温度変化や屋内外の温度差などに耐えられず、体調を崩すことが少なくありません。また少し気を抜くと、カラスやネコ、イヌなどに襲われるケースがあります。一日中屋外に放置するのではなく、飼い主が管理できる短時間だけ屋外に出してあげる方が無難です。

屋内

有効紫外線を照射する、爬虫類用フルスペクトルライドが適しています。種類が多いため、店舗スタッフなどに相談すると良いでしょう。1日 10 ～ 14 時間、決まった時間に点灯して、昼夜のリズムをつくるようにします。

第2章

すビタミン D3 という栄養素をつくり出しているのです。

ビタミン D3 を含んだ爬虫類用の栄養剤もありますが、摂取量の加減が難しいため、やはり日常的に紫外線を十分に浴びさせる方が健康的でしょう。

紫外線ライトで自然環境に近付ける

たっぷりの紫外線といえば 、自然の恵みいっぱいの日光浴です。「W.C. 個体」と呼ばれる、野生環境から捕獲した個体が美しい甲羅を持つことが多いのは、自然下で十分に日光を浴びているからに他なりません。**屋内飼育の場合、どうしても日光浴の機会が少なくなりますから、ケージに紫外線ライトを設置してタイマーなどを利用して規則正しく点灯するようにしましょう。**それでも、できるだけ自然の紫外線を浴びられる日光浴をさせてあげたいものです。

気候のよい季節は、運動を兼ねた日光浴を日課にしましょう。

［温浴］

26 健康管理のために温浴を！

★ 健康管理のために、週1、2回程度、温浴をする。

★ 温浴は体をきれいにする効果だけでなく、水分補給や排泄の促進につながる。

★ 温浴の際は、お湯の温度や量など、最新の注意を払おう。

 リクガメをお風呂に入れる理由とは

リクガメ飼育でよく見かけるのが、ぬるま湯に短時間浸ける温浴です。しかし、野生下では温浴の習慣はない上に、リクガメもあまり喜んでいる様子を見せないため、専門家や愛好家の間で行うべきか否か、意見が分かれています。

それでも、温浴の目的の一つに水分補給があることを考えると、週1、2回程度行っても良いという意見に傾く愛好家は少なくありません。実はリクガメの中には、あまり水を飲まない個体も多く、脱水症状や便秘、結石などに悩まされることがあります。ところが、**普段あまり水を飲まない個体も、温浴中に水を飲むことが多いため、健康維持につながるというわけです。**

さらに**湯で体が温まることで腸の働きが活発になり、排泄を促すという効果もあります。**なかには温浴中に排泄することで、掃除の手間が省けると、積極的に温浴をさせる飼い主もいます。

 体を洗ってきれいにしてあげよう

温浴の目的には、体全体をきれいにすることもあります。屋内で飼っていても床材やエサ、排泄物などで結構汚れるものです。リクガメは自分で汚れを落とそうとはしませんし、たとえやろうとしてもできません。本当のところ、リクガメ自身は別に気にしないのでしょう。それでも飼い

CHECK 温浴の手順

❶ 温浴に使う容器は洗面台や洗面器、バケツなど何でもOKですが、浅い方が使いやすいでしょう。容器の底に置いたリクガメが呼吸できる程度の深さまで、35 ～ 40 度のお湯を注ぎます。

ときには気持ち良さそうな表情も見せてくれます。

❷ お湯に浸ける時間は 10 ～ 20 分くらい。お湯を飲んでいるかをチェックします。ゴクゴクと勢い良く飲むなら、水分不足が疑われるため、温浴の頻度を多めにしましょう。

お湯の温度には気を配りましょう。

❸ 歯ブラシなどで体を洗ってあげましょう。リクガメが排泄をしたり、お湯の温度が下がってきたりしたら、お湯を交換します。

湯冷めをしないように、しっかりと拭きましょう。

❹ 温浴後はタオルでよく拭いてケージに戻します。湯冷めをしないようにホットスポットに置くと良いでしょう。

※温度が低い場所での温浴は避けましょう。冬場などは十分に部屋を暖かくしてから行ってください。

主としては、きれいな体で過ごさせたいものです。頭や総排泄口をきれいにするとともに、甲羅にこびりついた汚れは使い古しの歯ブラシなどでやさしく落としてあげましょう。

なお、カメなので泳げそうなイメージがありますが、リクガメは泳ぎが苦手。深いお湯に入れたらおぼれてしまいますから、くれぐれも注意してください。

［散歩］

27 リクガメはお散歩が大好き！

★ 天気がよく暖かい日には、屋外に連れ出してあげよう。
★ タンポポやクローバーなどの野草が生えている場所を選ぼう。
★ 甲羅が草地などに溶け込んで見失いやすいので注意しよう。

好物の野草がある場所を選ぼう

どれだけ環境づくりを頑張っても、本来、大自然の中を歩き回るリクガメにとって、室内のケージが窮屈なのは容易に想像できます。**天気がよく、暖かい日には公園や河川敷などに繰り出し、思い切り運動させてあげてはいかがでしょうか。**

どうせお散歩をするのなら、リクガメのエサとなる野草がたくさん生えている場所を選びましょう。**大好物のタンポポやクローバーなどがある場所があれば言うことなしです。**ただし、薬剤がまかれることは少なくなったと言われていますが、念のため、その場所の管理者に薬剤散布の有無を確かめておきましょう。また、お散歩中に喜んで食べている野草があるかどうかをチェックし、日常のエサに取り入れてもいいでしょう。

見失わないように要注意！

散歩中に見失ってしまったというトラブルが少なくありません。**もともと甲羅は迷彩服のように自然の中に溶け込みやすい模様と色をしているのです。**しかも、歩くスピードは予想以上に速く、ちょっと油断しただけで見失ってしまいます。あまり離れると、天敵のカラスやネコなどに襲われそうになったときにも対処ができません。

お散歩はリクガメにとっては何より嬉しいひとときです。飼い主もリクガメと会話を楽しむような気持ちで、のんびりと散歩を楽しんでください。

リクガメお散歩写真集
天気のよい日の河川敷は
お散歩にぴったり。
大好きなクローバーの中を
お散歩中。
一面がエサの草地は、
リクガメにとってはパラダイス!?
お花に出合って
興味津々の様子。
こんな感じで草地に入ると
見分けづらくなります。

第2章

28

［食事］

主食と副食をバランス良く！

★ リクガメは基本的に草食。野菜や野草が食事の中心。

★ 主食と副食を合わせて3～4種類ほどを与えよう。

★ 果物が好物だが、水分や糖分が多いため与え過ぎないように。

基本的なエサの与え方

エサの構成

葉物を中心とした野菜と栄養価の高いリクガメフードを与えましょう。葉野菜は旬のものを選ぶと良いでしょう。カルシウムとリンとが4～5：1が理想的な割合です。

その他の野菜や野草を加えてください。2、3種類以上で構成します。果物を好むリクガメもいますが、水分や糖分が多く、与え過ぎは良くないため、ご褒美感覚でたまにあげましょう。

毎日、爬虫類用のカルシウム剤や薬局で販売されている炭酸カルシウムの粉末を、一つまみ程度エサにふりかけます。ビタミン不足の場合は、爬虫類用のサプリメントがありますが、こちらも与え過ぎには注意です。

数種類の野菜や野草をバランスよく与えよう

リクガメは基本的に草食性ですので、野菜や野草がエサの中心となります。自然下ではさまざまな種類の植物を食べていますから、特定のエサに偏ることなく、一度の食事で主食と副食を合わせて3〜4種類ほどを与えるようにしましょう。

栄養バランスを十分に考慮してメニューを考えましょう。

成長途上の幼体は1日に2、3回程度与えますが、成体は1回で十分です。日中、動きが活発になってきた頃にあげるようにします。冷えたエサは消化に良くないため、冷蔵庫から出した直後には与えず、しばらく置いて常温に戻しましょう。

1回の量は、種類や個体による差がかなり大きいため、普段の食事の様子を見て、少し残す程度を目安に与えるようにしましょう。エサが腐ったりカビが生えたりすると衛生面が著しく悪化するため、食べ残しは早めに片付けるようにしてください。

幼体の頃は、食べやすいように小さく刻んであげましょう。成体なら自分で噛み切れるため神経質になる必要はありません。

29 ［食事］

主食は栄養面をよく考えて！

★ 主食にはカルシウムが多く含まれる野菜を選ぼう。
★ 特定のものに偏らず、多彩な野菜を与えよう。
★ カルシウムとリンの比率にも気を付けよう。

CHECK

主食に向いている野菜

小松菜
旬は12～3月。一年中手に入り、カルシウムやミネラルなどが豊富なため、主食にぴったり。葉の緑が濃いものを選びましょう。

大根の葉
旬は11～2月。カルシウムやビタミンC、食物繊維が豊富で、カルシウムとリンの比率も理想的。八百屋やスーパーで無料でもらえることも。

サラダ菜
旬は6～8月。ビタミンなどが豊富。葉に厚みがあり、しっかりしているものを選びましょう。黄色がかっているものは避けて。

水菜
旬は12～3月。アブラナ科の野菜で、京都が原産と言われています。ビタミンCやカルシウム、食物繊維が豊富で主食にぴったり。

モロヘイヤ
旬は6～10月。カルシウムやビタミンB、C、Eが豊富。夏場の主食に最適です。緑が濃くてハリがあるものを。種や種のサヤは毒性があるから避けて。

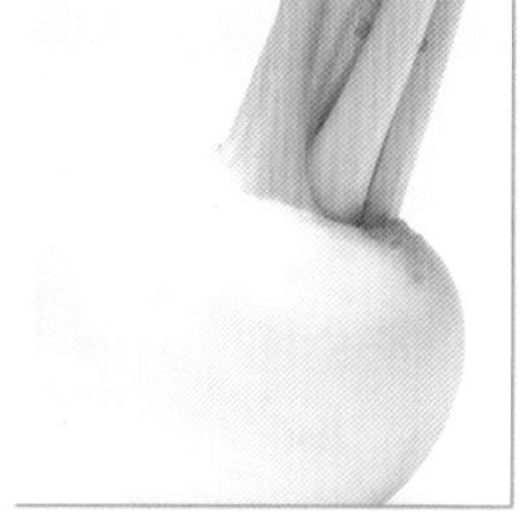

カブの葉
旬は3～5月、10～12月。カルシウムが豊富。葉の先まで緑が濃く、みずみずしいものを選びましょう。黄ばんでいるものは避けて。

旬の野菜から主食を選ぼう

主食にはカルシウムが多く含まれる野菜を選びましょう。ただし、同じものに偏ることなく、できるだけ多彩な野菜を与えるようにします。

特に気を付けたいのが、カルシウムとリンの比率です。動物の体には、カルシウムとリンの比率を一定に保とうとする働きがあり、リンを多く摂り過ぎると、骨からカルシウムを溶け出させることでバランスを取ろうとします。その結果、カルシウム不足となり、甲羅や骨の成長に悪影響を及ぼします。カルシウムとリンの比率は、4～5：1が理想です。

チンゲン菜
旬は3～5月、11～12月。カルシウムやビタミンAが豊富。きれいな緑色で、切り口が変色していないものを選びましょう。

好みの野菜を見つけ出して主食にしてあげましょう。

バジル
旬は6～10月。カルシウムやビタミンAが豊富。色鮮やかで、葉に傷みがないものを選びましょう。家庭菜園での栽培も容易です。

美味しそうにほお張る姿には心和まされます。

30

［食事］

副食でバラエティ豊かな食事を！

★ 栄養価や味などを考えて副食の野菜を決めよう。
★ カボチャ、ニンジン、トマトなどで彩りを加えよう。
★ 果物は少量にとどめて、カルシウムのトッピングを。

CHECK

副食に向いている野菜

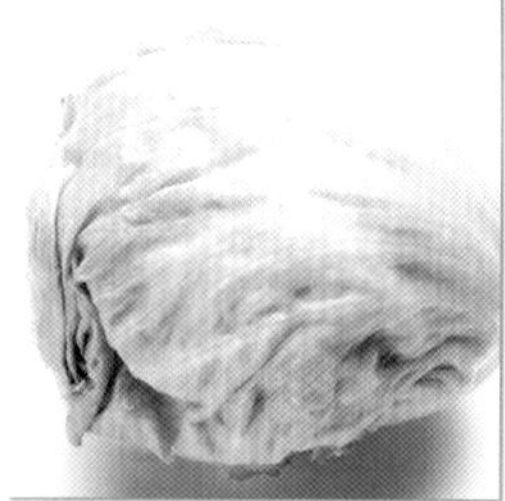

レタス
旬は6～8月。主要な栄養素は少ないですが、水分補給に適しています。葉の巻きがゆるく、軽めのものを選びましょう。

グリーンリーフ
旬は4～11月。ビタミンやミネラルが豊富。緑色が鮮やかで、弾力があって柔らかく、みずみずしいものを選びましょう。

カボチャ
旬は6～9月。ビタミンC、Eが豊富。固いため、幼体には小さく刻んで与えます。左右の形のバランスがよく、重みがあるものを選びましょう。

トマト
旬は7～9月。ビタミンCが豊富で、水分補給には最適。好物のリクガメも少なくありません。赤色が濃いものを選びましょう。

きゅうり
旬は6～8月。栄養価は高くありませんが、水分補給に適しています。いぼがしっかりと付いていて、太さが均一なものが良質とされています。

白菜
旬は11～2月。植物繊維が豊富で、水分補給にも向きます。白い部分がみずみずしく、黒い斑点や茶色いしみなどがないものを選びましょう。

副食で味に変化を付けよう

主食だけでは食事が単調になってしまいますから、**いくつか副食をセレクトして、主食に混ぜ合わせたりたり、トッピングにして与えましょう。**主食に比べて、甘みがあったり、水分が多かったりするものも、分量に気を配れば与えてもかまいません。ただし、果物を好むからといって、好きなだけ与えていては、体調不良を起こす原因になります。主食の葉野菜を十分に食べていれば、あえて果物を与える必要はありません。ご馳走として、たまに少量を与えましょう。

ニンジン
通年入手可能です。カルシウムが豊富。茎の切り口が黒ずんでなく、表面が鮮やかでつやのあるものを選びましょう。

貝割れ菜
通年入手できます。葉の色が濃い緑色で、まっすぐ伸びているものを選びましょう。家庭菜園での栽培も容易です。

プロからのアドバイス

果物はあげ過ぎないで

果物は、オレンジ、いちご、リンゴ、みかん、バナナ、メロンなどを好みます。種があるものは取り除いてから与えてください。リクガメは甘みのある果物が大好物ですが、与え過ぎは水分や糖分の過剰摂取となるほか、野菜を食べなくなってしまうので注意しましょう。一般的に果物はカルシウムとリンの比率が悪いため、カルシウム剤をトッピングするといいでしょう。

［食事］

31 栄養いっぱいの野草を与えよう！

★ 野草を取り入れると、エサのバリエーションが増える。

★ 事前に汚染されていないかチェックしよう。

CHECK リクガメのエサになる野草

アカツメクサ
属性：マメ科
季節：春～秋
特徴：ムラサキツメクサとも。牧草として広く用いられてきた。ハーブとしての薬効も知られる。

エノコロクサ
属性：イネ科
季節：秋
特徴：俗称はネコジャラシ。荒地や畑などに群生し、世界の温帯に広く分布する。

オオイヌノフグリ
属性：ゴマノハグサ科
季節：春～夏
特徴：コバルトブルーの花を咲かせる。ヨーロッパ原産で、日本では全国的に見られる。

オオバコ
属性：オオバコ科
季節：春～秋
特徴：日当たりのよい路傍などに広く分布。古くから薬用に用いられた。カルシウムが豊富で、エサに向く。

オニノゲシ
属性：キク科
季節：春～秋
特徴：タンポポより小さい黄色い花を咲かせる。葉に棘がある。茎葉を切ると乳液が出る。

カラスノエンドウ
属性：マメ科
季節：春
特徴：本州から沖縄の路傍などに自生。ソラマメの仲間で、リクガメは芽やマメを好む。

クズ
属性：マメ科
季節：夏
特徴：食用や薬用、また家畜の飼料として広く用いられてきた。赤紫色の花を付ける。

コバンソウ
属性：イネ科
季節：夏～秋
特徴：明治時代に観賞用として渡来した。黄金色の小判型の穂を付ける。草丈は10～60cm程度。

シロツメクサ
属性：マメ科
季節：春～夏
特徴：家畜の飼料として渡来したものが野生化した。クローバーと呼ばれる。

セイヨウタンポポ
属性：キク科
季節：春～秋
特徴：ヨーロッパなどで食用にされてきた外来種で、全国に群生。食欲増進などの薬効も知られる。

季節の野草もエサに最適

国内に自生する野草の中にも栄養バランスが良く、リクガメのエサに適したものがたくさんあります。副食として与えると、エサのバリエーションが増えます。ただし、採取にあたっては、環境や状態をしっかりと確認してください。つねに排気ガスが当たっていたり、イヌのフンなどで汚染されていたり、また除草剤が散布されていることもありますので注意してください。

ツユクサ
属性：ツユクサ科
季節：春〜秋
特徴：日本全土に分布し、鮮やかな青い花を付ける。朝咲いた花が、午後にはしぼむ。

ナズナ
属性：アブラナ科
季節：春
特徴：俗称はペンペングサ。白い花弁を持つ小さな花を多数付ける。薬効の多い薬草として知られる。

ナノハナ
属性：アブラナ科
季節：春
特徴：早春から黄色の小さな花を多数付ける。古くから野菜や油用として用いられてきた。

ノアザミ
属性：キク科
季節：春〜夏
特徴：初夏に赤紫色の花を付ける。葉の縁に棘がある。本州から九州に分布する。

ノゲシ
属性：キク科
季節：春〜秋
特徴：タンポポのような黄色い花を咲かせる。葉には刺があるが、柔らかい。茎は空洞になっている。

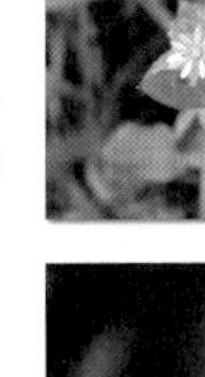

ハコベ
属性：ナデシコ科
季節：春
特徴：古くから食用にされ、春の七草の一つに数えられる。鳥の飼料としても用いられる。

ハルジオン
属性：キク科
季節：春
特徴：北アメリカ原産で、大正時代に渡来。春に柔らかい白色の花を咲かせる。

ヘビイチゴ
属性：バラ科
季節：春
特徴：黄色い花を咲かせた後、イチゴに似た実を付ける。人間には食用にはされない。

ホトケノザ
属性：マメ科
季節：春〜秋
特徴：ムラサキツメクサとも。牧草として広く用いられてきた。ハーブとしての薬効も知られる。

ヨモギ
属性：キク科
季節：春
特徴：日本全土に自生し、食用や薬用として用いられてきた。草全体に香りがあり、ヨモギ餅の材料となる。

［食事］

32 毒素を含む野菜や野草に要注意！

★ 人間には問題がなくても、リクガメにとって毒となるものがある。
★ 庭に生えている植物や観葉植物にも注意しよう。

「迷ったら食べさせない」が鉄則

野菜や野草の中には、リクガメに絶対食べさせていけないものや、絶対NGではありませんが基本的に避けた方が良いものがあります。

例えば、**アジサイの花や葉、トマトやジャガイモの葉、ヒガンバナの全草などは毒がありますので、与えてはいけません。またホウレンソウはカルシウムの吸収を阻害するシュウ酸を含むため、与えない方が良いでしょう。**

人間には全く問題がなくても、リクガメにとっては良くない場合もありますから、迷ったら与えないと決めておくと良いでしょう。また、リクガメに食べさせたくない野草が庭や散歩道などに生えている場合は、取り除くか、リクガメを放さないようにしましょう。

外を歩かせるときは、有毒な植物がないかチェックしましょう。

プロからのアドバイス

部屋の観葉植物にも気を付けよう

草食のリクガメが観葉植物を食べてしまうことはよくあります。なかには有毒である可能性もありますから、無害と確認されているもの以外は置かないようにしましょう。「鉢が高いから登れないだろう」と思っていても、巧みによじ登ることもありますから要注意です。

CHECK 積極的に与えない方が良いもの

カルシウムの吸収を阻害するシュウ酸を多く含む			甲状腺腫誘発物質を含む

ホウレンソウ

カタバミ

バラの葉

芽キャベツ

CHECK 与えてはいけない有毒植物

トマト
（葉・茎）

ジャガイモ
（葉・緑色のいも）

アジサイ
（全体）

イチジク
（葉・樹液）

キョウチクトウ
（根・枝・葉・樹皮）

スズラン
（全体）

ニセアカシア
（葉・樹皮・種子）

ヒガンバナ
（全体）

フジ
（全体）

ランタナ
（葉・種子）

※このほかにもたくさんの
有毒植物があります。
疑わしいものは食べさせないで！

リクガメはどれくらい留守番ができるのか?

「リクガメはどれくらい留守番できるの?」という質問をよく受けます。イヌやネコはペットホテルが充実していますが、リクガメの場合、そういう施設はまだ少ないのが現状です。

結論からいうと、元気なリクガメであれば、3日くらいなら問題ないと考えていいでしょう。それ以上になるようでしたら、やはりお世話してくれる人を探すようにしましょう。

3日くらいまで

リクガメは、数日間は絶食しても健康に支障はありません。それでも決して良いことではありませんので、緊急時だけにしたいところです。家を空ける場合はエサを多めに用意し、水入れに清潔な水を入れておきます。またケージ内の温度を適温に保ち、照明(紫外線ライト)はタイマーを利用し、念のためバスキングスポットライトは消しましょう。

4日以上

4日以上になると、留守宅に置いていくのは難しくなってきます。リクガメが利用できるホテル、またはペットシッターが見つかれば問題ありませんが、それが難しい場合は、家族や友人などにお世話をお願いしましょう。そうしたケースを想定し、リクガメ仲間をつくっておく、事前に周囲の人々にリクガメについて話しておくと頼みやすいと思います。また、照明のオン・オフなどはタイマーで行い、お願いするお世話は最低限のエサやりや清掃だけの状態にしておきましょう。

引っくり返る事故が起こらないように、整理して出かけることも心がけましょう。

第3章

リクガメカタログ

あなたにぴったりなのは、どのリクガメ？

代表的な
13 種のリクガメの
特徴や飼い方を
紹介します。

ギリシャリクガメ
Testudo graeca

分　　布：地中海沿岸、ロシア西南部など
飼いやすさ：★★☆
入手しやすさ：★★★

▼アラブギリシャとして流通する個体です。

▲甲羅の模様をギリシャモザイクになぞらえて命名されました。

地中海沿岸などに分布する人気のリクガメ

生態：ムーアギリシャ、トルコギリシャ、アラブギリシャ、ニコルスキーギリシャなど７つほどの亜種に分けられますが、それぞれに明確な違いはありません。体が丈夫で飼いやすく、最も多く輸入されているリクガメです。飼育下の繁殖も比較的容易です。甲長は15～20cmに成長します。

飼育のポイント：亜種によって生息環境は異なりますが、一般に乾燥気味を好みます。ただし、乾燥させ過ぎには注意しましょう。飼育下の適温は28～30度で、特に冬場は寒くなり過ぎないように温度管理には気を付けてください。アラブギリシャは、日中の温度を30～32度に保った方が調子がよくなります。エサは葉物野菜を中心に、タンポポやオオバコなどの野草を組み合わせるといいでしょう。高たんぱくのエサが続くと尿路結石を招くことがあるので注意してください。冬眠が可能な亜種と、冬眠しない亜種がいます。

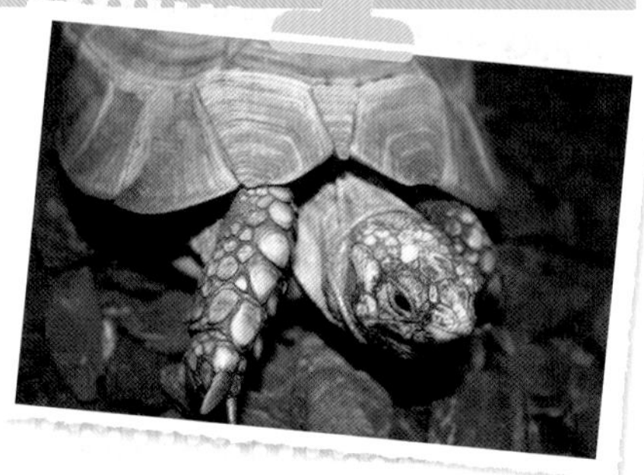

亜種によって色や模様には大きな差があります。

フチゾリリクガメ
Testudo marginata

分　　布：アルバニア南部、ギリシアなど
飼いやすさ：★★★
入手しやすさ：★★★

▼成長するとスカートのような甲羅が広がります。

▼温度と湿度の管理には特に注意が必要なリクガメです。

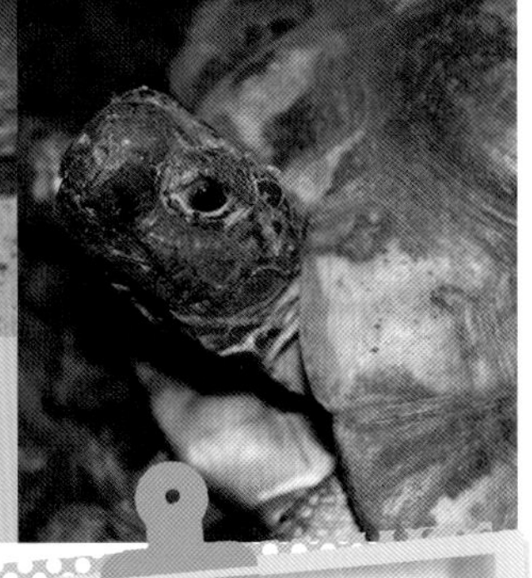

スカートのように広がる甲羅がチャームポイント

生態：マルギナータリクガメとも呼ばれます。甲長は25～35cmほどです。低木が生える乾燥した地域に住みます。飼育自体はそれほど難しくありませんが、最大の特徴である甲羅のフチをきれいに育てるのは容易ではありません。日本に入ってくるフチゾリリクガメの大半はオスです。

飼育のポイント：一年を通して乾燥した環境を用意することがポイントです。高湿度で蒸れやすい環境の中では体調を落としやすくなります。飼育下の適温は25～30度です。野生下では真夏の暑さを避けて「夏眠」することが知られるように、高温な環境は好みません。甲羅をきれいに成長させるために、十分に紫外線に当てることと栄養面には気を配りましょう。エサは、葉物野菜や野草を中心に与えます。特に成長期にはカルシウム不足にならないようにすると見事な甲羅が育ちやすくなります。

甲長が15cmを超えるくらいになると体調が安定して飼いやすくなります。

インドホシガメ
Geochelone elegans

分　布：インド、スリランカ
飼いやすさ：★★☆
入手しやすさ：★☆☆

▲丸く盛り上がった甲羅の形状の可愛らしさも目を引きます。

▼星空のような模様は個体差がかなりあります。

星空のような模様と丸い形の甲羅がキュート

生態：単にホシガメと呼ばれることも。放射状の甲羅が美しく、愛好家が多い種です。インドやスリランカの高温・高湿の地域に生息し、飼育下で望ましい温度は32～33度です。甲長は15～20cmに成長します。2019年11月にワシントン条約「付属書Ⅰ」に移行。

飼育のポイント：湿度管理に注意を要するため、やや飼いにくい種というイメージがあります。基本的に高温・高湿度の環境を心がけ、特に幼体は乾燥に弱いため、こまめに霧吹きなどで湿度を上げるようにします。

最大の特徴である放射模様は成長に伴って変化します。

エサは葉物野菜を中心にして、幼体時には毎日リクガメフードを与えても良いでしょう。尿路結石が形成されやすい種のため、高たんぱくのエサを与え過ぎないようにしてください。また十分に日光浴をさせることが、美しい甲羅を健全に成長させるポイントです。

ビルマホシガメ
Geochelone platynota

分　　布：ミャンマー
飼いやすさ：★★☆
入手しやすさ：★☆☆

▼雑食性が高く、野菜や野草以外のものを好むことも多いようです。

▲インドホシガメと同じく、甲羅の美しさから非常に人気が高い種です。

愛くるしい甲羅にファンが多い希少種

活動的でよく動き回るリクガメです。

生態：インドホシガメと非常によく似ていますが、腹甲の模様や頭部がクリーム色で模様が入らないことなどから区別できます。また甲長は 20 ～ 30cm と、インドホシガメよりも少し大型になります。乾燥した草地に住んでおり、飼育下の適温は 32 ～ 33 度です。2013 年 6 月にワシントン条約の「付属書 I 」に移行され、登録票付個体のみ販売、譲渡可能になり、現在流通は激減しています。

飼育のポイント：温湿度管理などに注意すれば、それほど飼いにくい種ではありません。インドホシガメと同様、高温・高湿度の維持を心がけましょう。温度の変化には、比較的柔軟に対応するようです。また暗めの環境を好むため、夜間はシェルターなどの隠れ家を用意してください。エサは野菜や野草のほか、果物や人工飼料も好みますが、与えすぎないように。

第3章

ケヅメリクガメ
Geochelone sulcata

分　　布：アフリカ大陸中央部
飼いやすさ：★★☆
入手しやすさ：★★★

▼尾の付け根の左右に、ケヅメ状の突起があることから名付けられました。

▲成長すると一挙手一投足がかなりパワフルです。

元気で力持ちな アフリカ最大の種

生態：アフリカ最大のリクガメで、サバンナやアカシアの密集する地域に生息します。小さな幼体が販売されていますが、成体の甲長は 70cm に達することがあるため、それなりの飼育スペースが必要になります。がっしりとした四肢を持ち、強い力を持ちます。

飼育のポイント：成体は体が大きく、日中は活発に動き回り、排泄量も多いため、庭で小屋を建てての飼育が望ましいでしょう。高温で乾燥した環境を好み、日中は 28 ～ 32 度、夜間でも 26 度以上が適温です。体は丈夫ですが、急激な温度変化には注意してください。幼体のうちは日中、夜間ともに 32 ～ 33 度を保ちましょう。完全な草食性といわれていますが、特に成長期は適度にリクガメフードを与えた方が調子が良いと報告されています。適量のカルシウム剤をエサに加え、十分に日光浴させましょう。

大きくなったら庭やベランダなどが適しています。

ヒョウモンガメ
Geochelone Pardalis

分　布：東南アフリカから南アフリカ
飼いやすさ：★★☆
入手しやすさ：★★★

▲名前の通り、褐色のヒョウ柄のような模様が入った甲羅が特徴です。

▼元気いっぱいにエサをほお張る表情は可愛い限り。

ヒョウ柄の甲羅が美しい乾燥地帯に棲むリクガメ

生態：雨季と乾季がはっきりとした地域に生息します。バブコックヒョウモンガメとナミビアヒョウモンガメの２亜種に分けられ、日本にいるのは主に前者です。比較的性格が穏やかで飼いやすく、大きな個体は 50～70cm に達すると言われますが、飼育下ではせいぜい 40cm ほどです。それでも広めの飼育スペースは必要です。

飼育のポイント：主に乾燥した地域に棲みますが、雨季になると活発に活動することが分かっています。そのため、乾燥気味の環境を作りつつ、乾燥しやすい冬は水分の多い野菜を与えたり、水場を設けるなど、十分な水分補給ができるようにしてください。適温は 28 ～ 32 度程度で、幼体のうちは日中、夜間ともに 32℃を保ちましょう。完全な草食のため、エサは繊維が豊富な野菜や野草を与えます。

個体差はありますが、
比較的大人しくのんびりした性格です。

ヘルマンリクガメ
Testudo hermanni

分　　布：スペインから
　　　　　トルコにかけて
飼いやすさ：★★★
入手しやすさ：★★★

▼成体になると温度変化にはかなり対応できるようになります。

▲外見はギリシャリクガメにとても似ています。

シンプルで美しい甲羅の飼いやすいリクガメ

シンプルで美しい甲羅の模様も人気です。

生態：ニシヘルマンリクガメとヒガシヘルマンリクガメの２つの亜種に分けられます。ギリシャリクガメによく似ていますが、後ろ足にケヅメ状のうろこがないことなどがヘルマンリクガメの特徴です。比較的体が丈夫で物怖じしない性格な上に比較的小型ということもあって、飼いやすい種です。欧米で繁殖された個体が安定して輸入されているため、入手も容易です。甲長は 15 ～ 20cm です。

飼育のポイント：乾燥した環境を好み、飼育下の適温は 28 ～ 30 度ですが、幼体時は 32 度くらいに保ちましょう。ヒガシヘルマンリクガメの成体は低温に強く、暖かい季節は屋外飼育もできます。逆にニシヘルマンリクガメは温暖な地域に分布するため、寒くなり過ぎないように注意しましょう。基本的に草食ですので、エサは野菜や野草を与えてください。

アカアシガメ
Geochelone carbonaria

分　　布：中米から南米
飼いやすさ：★★☆
入手しやすさ：★★★

▼日本では、比較的古くから飼われているリクガメです。

▲物怖じせず、人に慣れやすい点も人気の理由です。

第3章

鮮やかな赤色の足を持つ人に懐きやすいリクガメ

多湿な環境に棲むリクガメです。

生態：その名の通り、足や頭の赤色が特徴です。赤みが強い個体の方が人気があります。熱帯雨林の森林に生息するため、低温にさえ注意すれば、最も飼いやすいリクガメとして古くから輸入されてきました。甲長は20～40cmと、環境によってはかなり大きくなります。

飼育のポイント：環境の変化には比較的強いのですが、低温を嫌うため、寒い時期の温度管理には気を付けましょう。特に幼体は、低温と乾燥には非常に弱いため、くれぐれも注意が必要です。また暖房中は空気が乾燥し過ぎないように、霧吹きで湿り気を与えましょう。雑食性で、果物、動物性たんぱく質なども好みますが、栄養バランスを考えて野菜や野草にリクガメフードを混ぜたものを主食にしましょう。水もよく飲むため、大きめの水入れを用意するようにします。

キアシガメ
Geochelone denticulata

分　　布：ブラジル、ベネズエラ、コロンビアなど
飼いやすさ：★★☆
入手しやすさ：★★☆

▼野菜や野草のほか、果物なども好みます。

▲アカアシガメの赤色が黄色に変わったような外見です。

甲長80cm近くになる南米最大のリクガメ

生態：足や頭の黄色が特徴です。甲長が最大80cmに達することもある南米の巨大種です。飼育下ではそこまで大きく育たないとしても、30～40cmになることは想定しておく必要があるでしょう。飼いやすさなどからアカアシガメに人気が集中しており、キアシガメの流通量はそれほど多くありません。

飼育のポイント：飼育の注意点はアカアシガメと共通します。特に高湿度の環境を維持することがポイントとなります。乾燥した環境では、食欲不振や脱水などの体調不良を起こしやすいので注意してください。大きく育った成体はかなりパワフルに活動しますので、室内の小さなケージで飼うのは無理があります。自由に動き回れる屋外の広い飼育スペースを確保できなければ、飼育は難しいかもしれません。

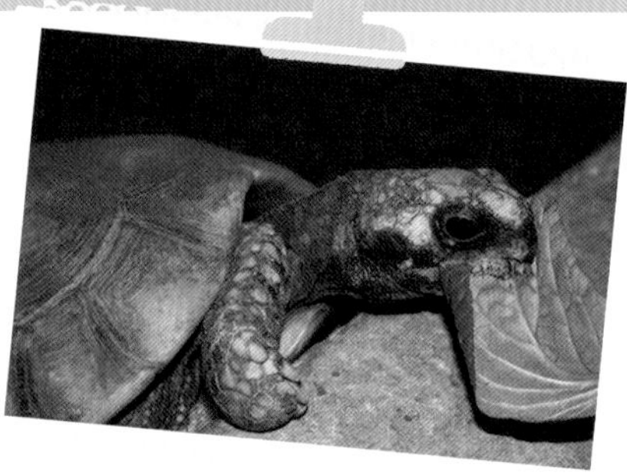

熱帯雨林の森林などに生息しています。

アルダブラゾウガメ
Geochelone gigantea

分　　布：アルダブラ諸島、セーシェル諸島
飼いやすさ：★☆☆
入手しやすさ：★★☆

▲十分な栄養と日光を与えると、甲羅がきれいなドーム状になります。

▼ゾウのような太い足が名前の由来です。

堂々とした体躯を持つ世界最大級のリクガメ

生態：ガラパゴスゾウガメに次いで世界で2番目の大きさのリクガメ。小さいうちは手のひらに乗るサイズで何とも可愛らしいのですが、成体の甲長は60～100cmに達し、体重300kgを超す個体の記録もあります。その巨大さから、安易な飼育は勧められません。しっかりとした四肢を持ち、堂々とした体躯が魅力的で、小さな子どもなら軽々と背に乗せて歩き回ります。

飼育のポイント：成体は屋内飼育は不可能で、牛や馬を飼うようなスペースを確保する必要があります。運動不足にならないように広い放牧場も必要なため、都会での飼育は無理があるかもしれません。日中の適温は25～31度です。飼育自体はそれほど難しくありませんが、幼体期は温度と湿度は高めに設定しましょう。また甲羅を健全に成長させるために、大量のカルシウムの摂取と十分に紫外線に当たらせることを心がけてください。

幼体はこんなに小さく可愛らしいのですが……。

エロンガータリクガメ
Indotestudo elongata

分　　布：東南アジアなど
飼いやすさ：★★☆
入手しやすさ：★★☆

▼成体はかなり体が強く、環境の変化にも柔軟に対応します。

▲頭部はクリーム色で、発情期のオスはピンク色に染まります。

大きな目が可愛らしい東南アジアのリクガメ

生態：東南アジアの高地の山林に生息しています。大きな目がチャームポイントです。甲羅は、黄土色をベースに黒い模様が入りますが、かなり個体差があり、模様がまったくないこともあります。甲長は 15 ～ 25cm と大きくなり過ぎないうえに、飼育環境も複雑ではなく飼いやすいため、古くから輸入されています。

飼育のポイント：高湿度の環境を好むため、ケージ内に大きな水入れを置くなどして乾燥しないようにしましょう。飼育下の適温は 28 ～ 30 度です。森林に棲むため雑食傾向が強く、動物性たんぱく質もよく摂ります。バナナやリンゴなどの果物も好みますが、あくまで野菜や野草を中心にしてください。成体の性格は攻撃的なので、複数飼育は避けた方が無難です。特に小さなカメを一緒に飼うと、食べてしまうようなこともあるようですので、くれぐれも注意してください。

週1回、リクガメフードを与えてもいいでしょう。

ヨツユビリクガメ
Testudo horsfieldii

分　　布：イラン、カザフスタン、中国の一部
飼いやすさ：★★★
入手しやすさ：★★★

▼穴掘りが得意なので、屋外では脱走に注意!

▲丸っこい甲羅もチャームポイントです。

コンパクトなボディで初心者にも大人気の種

生態：四肢の爪が4本であることが名前の由来です。ロシアリクガメやホルスフィールドリクガメと呼ばれることもあります（ロシアには生息していません）。リクガメの中では比較的安価で飼いやすく、初心者向けと言われています。アフガニスタン、カザフスタン、トルクメニスタンの3つの亜種に分かれますが、外見上の区別は困難です。

飼育のポイント：多くの個体が流通していますが、中には状態が良くないものが少なからず含まれています。初心者が快復させるのは困難ですから、初めに状態の良い個体を入手することがポイントです。環境に慣れさせさえすれば、体は丈夫で飼いやすい種です。やや乾燥した環境を好み、飼育下の適温は28～30度です。完全な草食ですので、エサは野菜や野草を中心に与えましょう。甲長は20cm前後に育ちます。

ギリシャリクガメなどと並び、初心者に人気。

第3章

パンケーキガメ
Malocochersus tornieri

分　　布：アフリカ東部
飼いやすさ：★★☆
入手しやすさ：★☆☆

▼ケージ内のレイアウトは工夫してあげましょう。

▲ユニークな外見で根強いファンが多い種です。

平たくて柔らかい甲羅がチャームポイント

生態：チャームポイントは、何といってもパンケーキのように薄くて平たい甲羅。体が軽量のために動きは素早く、外敵に襲われると岩などの隙間に入りこみ、空気を吸って甲羅を膨らませて引きずり出されるのを防ぐという、独特の身の守り方をします。2019 年 11 月にワシントン条約の「付属書Ⅰ」に移行。

飼育のポイント：じめじめとした高湿の環境を嫌いますが、乾燥させ過ぎには注意し、水場を設置しましょう。飼育下の温度は 28 ～ 32 度が理想です。昼夜の温度差が必要なため、昼間は暖かめに設定してください。また岩に身を隠す習性があるため、シェルターなどを用意しましょう。岩場などをつくると、いっそう喜びます。エサは野草と野菜を中心に、バランス良く与えましょう。成体の甲長は 15 ～ 20cm と、比較的コンパクトなリクガメです。

正面から見ると
甲羅の平たさがよく分かります。

第4章

健康と繁殖について知ろう

リクガメとの生活を
もっと楽しくするためには？

リクガメを
病気から守るための
ポイントと、繁殖について
説明します。

［健康管理］

33 日々の健康チェックを欠かさずに！

★ 毎日の健康チェックは飼い主の大切な役目。
★ いつもと様子が違ったらすぐに動物病院に。
★ 複数飼いでは、異常の見られる個体を速やかに隔離する。

ポイントを押さえて健康チェックをしよう

リクガメはペットとしての歴史が浅いため、病気の情報も少なく、獣医によっては病気に関する知識が乏しいことも少なくありません。**飼い主はリクガメを日々慈しみながら、その様子に異常がないかを観察することが早期発見につながり、適切な治療を受けるチャンスを広げることになります。**近隣にリクガメに精通した獣医がいれば安心ですが、そうでない獣医でも日頃からコミュニケーションを図っておけば、リクガメ情報に注意していてくれるようになるものです。いずれにしても、治療が難しいケースが少なくありません。いつもと様子が違うと思ったら、まめに病院に連れて行くようにしましょう。

複数のリクガメを飼っている場合、病気の感染を防ぐために、異常が見られた個体は速やかに隔離しましょう。

体中を隈なくチェックして健康を管理しましょう。

CHECK 健康チェックのポイント

目

- ▶ 目がしっかりと開いているか
- ▶ 充血や濁りはないか
- ▶ 涙や目やにが出ていないか
- ▶ まぶたは腫れていないか

- ▶ 傷や欠け、はがれ、腫れなどがないか
- ▶ 柔らかくなっていないか

- ▶ 鼓膜が腫れていないか

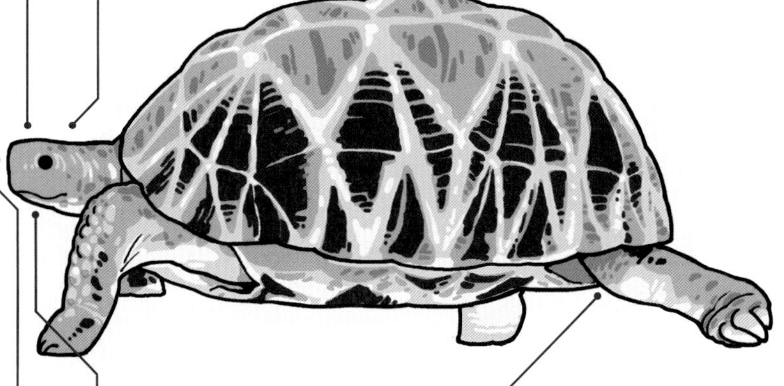

- ▶ くちばしが伸び過ぎていないか
- ▶ 泡を吹いていないか
- ▶ よだれのようなベタベタしたものが付いてないか

- ▶ 汚れは目立たないか
- ▶ 臓器の露出はないか
- ▶ 下痢をしていないか
- ▶ 排泄物に血液や異物が混じっていないか

- ▶ 食欲に異常はないか
- ▶ いつもより食べ残しは多くないか

- ▶ 鼻水が出ていないか
- ▶ 呼吸音に異常がないか

- ▶ 元気に歩いているか
- ▶ 甲羅を引きずっていないか

［病気の予防］

34 心身にストレスが少ない環境を！

★ 飼育下の環境は本来の生息場所とは異なるため体調を崩しやすい。
★「温度」「湿度」「紫外線」「エサ」の管理が健康管理のポイント。
★ ストレスのない生活が心身の健康をうながす。

日常の健康管理に大切な心構え

リクガメに限らずペットはいつでも元気であってほしいものです。病気にさせないのが飼い主の願いであり、務めです。しかし、飼育下のリクガメは本来の生息場所とは異なる環境で暮らすのですから、それだけ体調を崩しやすい状況であることを忘れないでください。

それでも、飼育管理の不備を極力なくすことで、病気の発生頻度は大きく抑えられます。特にリクガメは**「温度」「湿度」「紫外線」「エサ」の4つが健康状態に大きく関係します。**これらの管理には、いくら気を遣っても十分過ぎるということはないと言っていいでしょう！

飼育の基本に忠実になろう

リクガメも、人間と同じように過剰なストレスを受け続けると免疫力が低下し、病気にかかりやすくなります。そのため、飼い主の都合で夜更かしをさせたりすると生活リズムを崩してしまいます。また、過度なスキンシップを避けたり、他のペットとの接触を好まない様子が見られたら隔離して飼育するなど、ストレスの原因を取り除き、リクガメが精神的にも健全な生活を送れるようにしましょう。

ケージや床材などを清潔に保つことも
病気予防になります。

CHECK 病気を遠ざける管理の鉄則!

温度管理

リクガメ飼育の初心者が最も苦慮するのが温度管理と言っていいでしょう。リクガメは変温動物ですから、少しの温度の変化が体調に大きく影響します。部屋やケージを適温に保っているつもりでも、冬場、夜間の冷気がガラス越しに伝わって、リクガメが好む隅っこが低温になってしまうことがあります。リクガメの昼夜の行動を観察し、お気に入りの場所が望ましい温度になっているかをこまめにチェックしましょう。

湿度管理

種類によって適正な湿度が異なるため、購入前に確認しましょう。乾燥を好むリクガメでも、40%ほどの湿度が必要とお考えください。湿度が低過ぎると脱水症状を引き起こしたり、甲羅の成長を阻害したりすることがあります。特に幼体は、短時間で脱水症状を起こしやすいのでくれぐれも注意してください。

紫外線管理

紫外線はリクガメの骨格や甲羅の形成に欠かせません。不足すると骨格異常など病気の原因にもなります。ケージ内には必ず紫外線ライトを設置しましょう。またライトは点灯していても、使用するうちに紫外線の量が減少していくため、最低でも年1回はライトを新しいものに交換しましょう。

食物管理

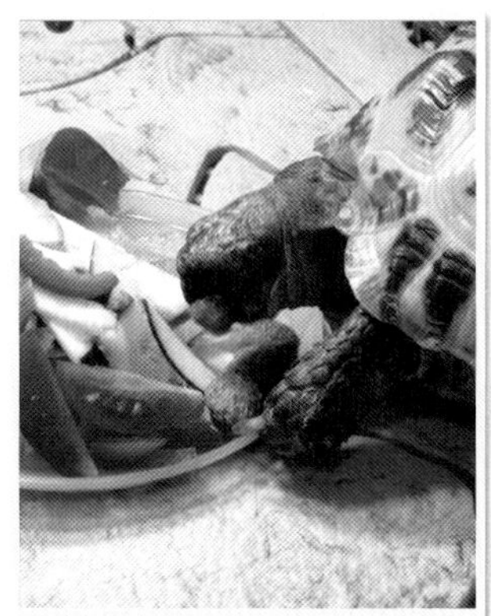

リクガメにとっても
バランスの良い食事が大切です。

栄養に起因する病気はゆっくりと進行することが多く、気付いたときには手遅れということが少なくありません。日頃から、低たんぱく、高繊維質を基本として、できるだけ野菜や野草をバランス良く与えるようにしましょう。また偏食がある場合、初めは好きなエサに混ぜて与えるなど、徐々に慣れさせるようにしましょう。

［病院］

35 信頼できる動物病院を見つけよう！

★ リクガメを診てくれる動物病院を事前に見つけておこう。
★ リクガメの購入時などに、一度受診しておくと安心できる。
★ 体調が悪いリクガメを病院まで連れて行くときは細心のケアを。

事前に病院を探しておこう

どれだけ健康管理に力を注いでも、長年リクガメを飼い続ければ、病気にかかってしまうことは避けられません。そんなときに頼りになるのが、動物病院です。

しかし、リクガメを診察してくれる動物病院は、決して多くありません。**突然病気にかかっても慌てないで済むように、事前にリクガメに対応してくれる動物病院を探しておきましょう。**リクガメを購入したショップスタッフに聞けば教えてくれますし、最近はインターネットの情報も充実しています。また近所に動物病院があったら、直接電話をして聞いてみるのもいいでしょう。

CHECK スムーズな受診のために

▶品種や生まれた時期、いつから、どのように悪くなったかをすぐに答えられるようにしておきましょう。
▶便や嘔吐物などを持っていくと、原因の特定がスムーズになることがあります。
▶飼育環境を撮影しておくと、適切なアドバイスをもらいやすくなります。

できれば、リクガメの購入時などに、一度受診しておくと、その病院がリクガメにどれだけ詳しいかが分かり安心できます。

リクガメを運ぶときの注意点

リクガメを病院に連れて行くのは、体調が悪いときがほとんどですから、移動には気を遣ってください。カメよりも少し大きめの箱を用意して中に入れ、新聞紙などを敷き詰めて動かないようにします。気温が低い時期は、携帯カイロなどを入れて保温してください。

CHECK 病院と上手く付き合うポイント

リクガメに限らず、ペットは言葉を持ちませんから体調不良は飼い主の観察眼が頼りになります。とりわけ、リクガメは表情を読み取りにくいですから、最新の注意を払って上げてください。

例えば、エサを食べず、目を閉じたまま、ほとんど動かないといった姿が見られる場合は、重い病気にかかっている可能性があります。また、いつもに比べ元気がない日が多くなった、動きが少ないなどの症状も受診すると安心です。

注意が必要なのは、リクガメを診られるという病院でも、知識にはかなりの差があるということです。診断結果に疑問を感じたら、躊躇せずセカンドオピニオンを求めて別の病院を受診してください。特に症状が深刻な場合は、多少遠くてもリクガメに詳しい病院に連れていくのが無難です。

診察料は、病院や診察内容によってかなり差がありますが、1回の受診で5000～1万円程度でしょう。通院が必要な場合は、毎回費用がかかります。

生き物なので病気は付きもの。病院と上手く付き合うというのも、リクガメのいる幸せな生活を送るうえでは大切なことです。掛かりつけのホームドクターがいれば、日頃の健康もチェックしてもらえますし、何かあった時にも安心です。

［病気］

36 病気のサインを見逃さない！

★ 病気のサインを察知するのは飼い主の務め。
★ 病気の知識を深めれば、早期発見が可能になる。
★ 不慮の事故の防止策も徹底しよう。

症状を見逃さず、異常を察知しよう

リクガメの病気の治療には専門知識が必要ですから、動物病院の手を借りなくてはなりません。しかし、**異常を察知し、動物病院に連れて行くまでは、飼い主の務めです。**病気のサインを見逃してしまったら、病状は悪化し、最悪の事態を招いてしまうかもしれません。

リクガメの病気は実にさまざまで、人間と同じ病名を持つものも少なくありません。日頃から病気についての知識を深めておくと、ちょっとした異常も感じ取れるようになり、早期発見につながります。

病気と同様に、落下・転落や交通事故なども、たびたび起こります。**不慮の事故を予防することも飼い主の義務と心得ましょう。**

CHECK 早期発見のために

こんな症状が見られたら

■ 涙目になっている
■ 充血している
■ 目が腫れている
■ 目が開いていない

結膜炎(P107)
角膜炎(P107)
瞬膜露出(P107)
ビタミンA欠乏症(P114)
尿路結石(P110)

プロからのアドバイス

まずは環境不適応を疑おう

リクガメが好む環境を試行錯誤してつくり上げましょう。

リクガメを飼っていると、はっきりとした病気ではないけれど、食欲や元気がないという状態になることがよくあります。こうした場合はまず、環境不適応を疑いましょう。 これは病気というよりは、環境に適応できないことに起因するストレス反応といっていいでしょう。しかし、軽く見てはいけません。放置すると、体重は減少し、脱水症状が進み、免疫力が落ち、あらゆる病気に発展してしまいます。環境不適応は、万病のもとなのです。

思い当たる場合、まずは温度や湿度、栄養バランス、光の管理、また勾配やシェルターなどのリクガメが好む場所があるかなど、飼育環境を一つひとつ見直して改善しましょう。また大きな音が響く場所に置かない、相性が合わない他のリクガメと一緒にしないなど、ストレス要因を取り除くことも必要です。特に、飼い始めの時期は環境の変化が大きいため、反応を試しながら、リクガメの好む環境を丁寧につくるようにしましょう。

どれだけ飼育環境を整えても、リクガメの体調に改善がない場合は、何らかの病気を疑いましょう。

部位	症状	疑われる病気
耳	■ 鼓膜が腫れている ■ 鼓膜が赤い	中耳炎(P107) 皮膚炎(P113)
鼻	■ 鼻水が出ている ■ 鼻血が出ている ■ 鼻づまりがある	鼻炎(P108) 肺炎(P108) 口内炎(P108) 熱中症(P114)

第4章

	症状	考えられる病気
口	■泡を吐いている ■よだれが出ている ■嘔吐している ■口をパクパクとさせる	口内炎(P108) 肺炎(P108) 熱中症(P114) 便秘(P109) 異物摂取(P115) 中毒症状
	■クチバシが伸びている ■噛み合わせが悪い ■クチバシに欠けや割れがある	不正咬合(P108) 口内炎(P108) 肺炎(P108)
総排泄孔	■総排泄孔から ピンクや黒の異物が 露出している	総排泄孔脱(P109) 直腸脱(P109) ペニス脱(P111) 卵管脱(P112)
	■総排泄孔から白くて 硬い異物が見える	尿路結石(P110) 卵詰まり(P112)
便	■便が出ない ■何度も踏ん張っている	便秘(P109) 尿路結石(P110) 異物摂取(P115) 卵詰まり(P112) 胃腸障害
	■便が水っぽい	下痢(P109) 寄生虫(P115) 異物摂取(P115) 腸炎
	■便に糸状の白いものが 混じっている	寄生虫(P115) 異物摂取(P115)

	症状	考えられる病気
尿	■ 尿が出ない ■ 尿の臭いがきつい	腎不全(P110) 尿路結石(P110) 膀胱炎(P110)
爪	■ 爪の伸び過ぎで歩きにくそう	爪の伸び過ぎ(P111)
	■ 爪がはがれる	皮膚炎(P113) やけど 外傷
甲羅	■ 甲羅がデコボコしている ■ 甲羅が柔らかい	腎不全(P110) 代謝性骨疾患(P113)
	■ 甲羅がはがれる ■ 甲羅に液体が滲み出している ■ 甲羅に血がにじむ	腎不全(P110) 感染症(P112) やけど 外傷
	■ 甲羅に変形などの異常がある	代謝性骨疾患(P113) 栄養障害 甲羅の奇形 外傷
動き	■ 甲羅を引きずって歩く ■ 歩き方が不自然	代謝性骨疾患(P113) 熱中症(P114) 卵詰まり(P112) 低温障害 外傷
食欲	■ 食欲がない	あらゆる病気

［病気］

37 リクガメの病気に詳しくなろう！

★ 具合が悪いときは、できるだけ早く動物病院に連れて行こう。
★ 病気を繰り返すときは、飼育環境を見直そう。
★ 病気について詳しくなれば、異常を発見しやすくなる。

早期発見、早期治療が鉄則

リクガメが病気にかかったときは、できるだけ早めに動物病院に連れて行くのが鉄則です。**早期に治療をした方が、当然、治りも早くなります。**

同じ病気を繰り返すときは、飼育環境が悪いと考えて間違いないでしょう。そうした場合は、動物病院やリクガメを購入したショップの店員などに相談し、環境を改善しましょう。

ここではリクガメの病気を紹介します。様子がおかしくなってから慌てて該当する病気を探すのではなく、できれば事前に目を通してリクガメの病気に詳しくなっておきましょう。そうすれば、様子がおかしくなったときに病気だと気付きやすくなるはずです。

ときには手に取って
異常がないかをじっくりと
チェックしてください。

リクガメの主な病気

目の病気

病名	原因・症状	予防・治療
■結膜炎	床材などの異物が目に入って結膜が傷付いたり、アレルギー反応を起こすことなどが主な原因。細菌感染によって引き起こされることもあります。涙目になり、まぶたが赤く腫れるなどの症状があります。かゆみや痛みを伴い、リクガメが前足でこすると症状は悪化してしまいます。	飼育環境を清潔に保つことで予防しましょう。床材を変更した場合に発症したら、ただちに取り替えましょう。症状がひどい場合は動物病院に連れていってください。
■角膜炎	角膜が傷付くことによって起きる炎症です。原因や症状は、結膜炎と同様です。結膜炎を併発することもあります。角膜が傷付くと、白く濁ったように見えます。	傷が浅い場合は目薬で治りますが、重症の場合は失明の可能性もあります。早めに動物病院で治療を受けましょう。
■瞬膜露出	瞬膜は、眼球を保護するための目頭にある膜です。普段は見えませんが、炎症を起こすと露出することがあります。	炎症が原因の場合は、結膜炎や角膜炎と同じような炎症の治療を行いましょう。

耳の病気

病名	原因・症状	予防・治療
■中耳炎	中耳内に腫瘍ができている状態で、鼓膜部が赤く腫れるなどします。細菌が内耳に入り込むことが原因と考えられています。悪化すると、中耳内に膿が溜まり、悪化させると死を招くこともあります。	免疫力が低下すると、口の中に常在する細菌が中耳炎を引き起こすため、飼育環境の管理を徹底しましょう。中耳炎は繰り返すことが多いため、一度発症したら環境を見直す必要があります。初期症状は抗生物質の投与で治りますが、重症化したら切開して膿を除去する処置が必要です。

第4章

口の病気

病名	原因・症状	予防・治療
■口内炎	口の中に白い斑点や膿が見られたら口内炎を疑いましょう。細菌やウイルスへの感染が主因ですが、胃腸炎が原因となることもあります。	ストレスや栄養不足で免疫力が低下すると起こりやすくなるため、日々の適切な管理が予防となります。ウイルス性のものは重症化することがあるため、動物病院で原因を特定しましょう。
■不正咬合	くちばしが異常に伸びたり変形したりして、かみ合わない状態です。悪化すると、エサが食べづらくなります。柔らかい食事ばかりでクチバシが削られないことが原因となるほか、代謝性骨疾患の可能性があります。	柔らかい食事ばかりにならないように注意しましょう。また高繊維質、低たんぱく質など、代謝性骨疾患の対策を心がける必要があります。伸びすぎたくちばしは、動物病院やお手入れしてくれるショップでカットしてもらいましょう。

呼吸器の病気

病名	原因・症状	予防・治療
■鼻炎	鼻汁が出て、鼻の穴が詰まってしまうこともあります。急激な温度変化のほか、温度が低過ぎる、乾燥し過ぎている、湿度が高過ぎるなどの環境が原因となります。床材によるアレルギー症状の場合もあります。	飼育環境を見直しましょう。特に温度設定には注意してください。目からの分泌物が見られたら重症で、気管や肺に炎症が進行することもあります。鼻水が見られたら、動物病院で治療しましょう。
■肺炎	細菌やマイクロプラズマなどの感染が主な原因です。鼻炎から移行することも少なくありません。また栄養状態が悪いと抵抗力が下がり、肺炎となることもあります。上を向いて口をパクパクとさせるような姿から分かるように、呼吸が上手くできず、息苦しい状態です。	放置すると、どんどん悪化するので早めに受診しましょう。抗生物質や抗炎剤による治療と同時に、栄養補給と環境の改善を行いましょう。肺炎を発症しているときは、温浴はNGです。

消化器系の病気

病名	原因・症状	予防・治療
■便秘	腸内に便が溜まった状態で、食欲低下や嘔吐を起こすこともあります。１週間以上、排泄をしないときは便秘を疑いましょう。エサの中の植物繊維や水分の不足、運動不足など飼育環境が原因の場合と、尿路結石や代謝性骨疾患といった病気が引き起こす場合があります。悪化すると死亡することもありますから、自然治癒など期待してはいけません。	栄養状態や飼育環境の整備が予防となります。症状が見られたら、食物繊維や水分を多く含むエサを与えると治ることがあります。軽度の場合は温浴で排泄をうながすのもいいでしょう。長引く場合は動物病院に連れて行きましょう。
■下痢	リクガメによく見られる症状の一つです。水っぽい便、未消化の便などが見られ、悪化すると血液や粘液が混じります。原因は、ストレスなどに起因する消化機能の低下のほか、傷んだエサや有毒なものを食べたことによる腸内の炎症、また細菌やウイルスの感染、寄生虫などさまざまです。	原因によって治療法が異なりますから、まずは動物病院に連れて行きましょう。受診の際は、できるだけ新しい便を持って行ってください。なお、温浴中に未消化の便が出ることがありますが、これは排泄がうながされたことによるもので下痢ではありません。
■直腸脱・総排泄孔脱	直腸や総排泄孔が肛門から飛び出してしまい、赤く、または黒く腫れて見えます。下痢や便秘、胃腸炎、尿路結石などが原因です。放置すると感染症を起こしたり、壊死してしまったりします。	応急処置として飛び出した部分が乾燥しないように濡れたガーゼを当てるなどの工夫をして、すぐに動物病院に行きましょう。原因を特定して予防に努める必要もあります。

泌尿器系の病気

病名	原因・症状	予防・治療
■尿路結石	水分不足やたんぱく質の過剰摂取などにより、膀胱内に結石が形成されることがあります。膀胱内にあるときは無症状ですが、尿路に下りて総排泄孔などに詰まると、排泄がしづらくなり、いきんで排泄しようとしたり、落ち着きがなくなったりします。膀胱内で結石が大きくなり、臓器を圧迫することもあります。	結石が小さい場合は、尿と一緒に排出されることもあります。結石が大きくなったら手術をして取り出す必要があります。ケヅメリクガメやホシガメによく見られる病気ですので、これらを飼育する場合は水分不足やたんぱく質の過剰摂取に注意してください。
■膀胱炎	結石によって膀胱が傷つけられて発症するほか、膀胱内に細菌やウイルスが入り込んで炎症を起こすこともあります。軽度のうちは無症状ですが、炎症が悪化すると頻尿や血尿が見られるようになり、食欲や元気がなくなってきます。	膀胱結石が原因の場合は、動物病院で摘出手術や抗生物質の投与などで治療します。リクガメは尿道が短く、細菌などが膀胱に侵入しやすいため、飼育環境を清潔に保つことも心がけましょう。
■腎不全	体内で水分が不足したり、膀胱結石で尿道がふさがったりした場合に、腎不全を引き起こすことがあります。たんぱく質の過剰摂取や尿路結石のほか、細菌感染が原因となることもあります。老廃物が十分にろ過されなくなるため、全身に不調が生じ、尿毒症や甲羅が柔らかくなるなどの異常が表れます。	腎臓の機能は、一度壊れると治りませんから注意が必要です。低たんぱく、高繊維質を心がけた食事と、十分な水分摂取が予防となります。診断は、血液検査によってリンやカルシウム、尿酸値の数値を調べます。腎不全と判断されたら、尿の排泄をうながす輸液やカルシウム剤の投与などを行います。

肝臓の病気

病名	原因・症状	予防・治療
■ 肝炎	サルモネラやエロモナスといった細菌やヘルペスウイルス、また寄生虫などへの感染が原因です。食欲が低下のほかに目立った症状は見られないため、気付きにくい病気です。	まずは動物病院で病原体を特定し、それに合わせた治療を行いましょう。再発防止のため、飼育環境についても相談しましょう。
■ 脂肪肝	食べ過ぎや栄養過多によって、肝臓に脂肪がたっぷりと付いてしまった状態です。食欲や元気がなくなります。	食事の改善が治療の第一歩です。エサの量や栄養バランスを見直しましょう。ドッグフードなどの不適切なエサは決して与えないでください。

爪の病気

病名	原因・症状	予防・治療
■ 爪の伸び過ぎ	爪が伸び過ぎて上手く歩けなくなることがあります。室内飼育では、歩行時に爪が削れにくいため、伸びやすくなります。	爪切りで爪を切ってあげましょう。難しい場合は、動物病院やお手入れを行っているショップで処置してくれます。

生殖器の病気

病名	原因・症状	予防・治療
■ ペニス脱	総排泄孔からペニスが出たまま、元に戻らない症状です。丸一日、ペニスが出たままになっていたら、ペニス脱の可能性があります。他のリクガメにペニスを噛まれたり、総排泄孔周辺の筋肉のゆるみなどが原因となります。	放置すると、ペニスが乾燥して壊死し、切除が必要になります。湿らせたガーゼをペニスに当て、早めに病院に連れて行きましょう。

病名	原因・症状	予防・治療
■卵管脱	総排泄孔から肌色の卵管が露出する状態で、産卵後のメスに起こります。原因ははっきりと分かっていません。	放置すると卵管が傷付いてしまうため、乾燥しないように湿らせたガーゼを当てるなどの工夫をしてすぐに動物病院で治療を受けましょう。
■卵詰まり	産卵しようとしているのに、卵が詰まっている状態です。カルシウムやその他の栄養の不足、卵の変形、また産卵前に環境が大きく変化したりすることも原因となります。交尾をしていなくても、無精卵によって起こることがあります。	食欲低下や強くいきむなどの様子が見られたら、卵詰まりを疑いましょう。治療はホルモン剤やカルシウム剤の投与が中心で、卵が大きい場合は開腹手術が必要になります。

皮膚・甲羅の病気

病名	原因・症状	予防・治療
■感染症	甲羅や皮膚が細菌やカビに感染すると、赤紫色の斑点が出たり変色したりして、進行すると甲羅の表面がはがれ落ちたり、穴が開いてしまうこともあります。カビが感染すると、甲羅が白く変色することもあります。不衛生な環境による免疫力の低下が原因となります。	衛生管理を徹底しましょう。発症した場合は、感染部の消毒や抗生物質の投与などの治療を行います。
■甲羅の成長異常	代謝性骨疾患や栄養不足などにより、甲羅が変形してしまうことがあります。また外傷によって、バランス良く成長しないこともあります。	一度変形すると、治ることはないと考えてください。甲羅の適切な成長のためには、栄養バランスの良い食事が不可欠です。また病気が原因の場合は、治療が必要です。

病　名	原因・症状	予防・治療
■ **低温やけど**	ヒーターやスポットライトに長時間当たり続けると、低温やけどを起こします。やけどした部分は赤くなります。	ヒーターやスポットライトが低い位置にあると低温やけどを起こしやすいため、適切に設置しましょう。症状が出た場合は、動物病院で治療を受けてください。
■ **皮膚炎**	細菌や真菌による皮膚炎は、不適切な温度や湿度が続いて免疫力が低下した場合に発症しやすくなります。	普段から温度や湿度の管理や衛生状には気を配りましょう。軽症であれば、市販の消毒液でも治癒します。

栄養障害の病気

病　名	原因・症状	予防・治療
■ **代謝性骨疾患**	栄養バランスの悪い食事などによって引き起こされる代謝異常で、甲羅と骨が柔らかくなり、上手く歩けなくなったり、甲羅が変形したりします。甲羅を引きずって歩く姿が見られることもあります。カルシウム不足、またはカルシウムに比べてリンが多過ぎるといった食事の問題のほか、紫外線を十分に浴びていないことが誘引することもあります。	不適切な飼育環境が最大の原因です。治療は、食事、ならびに飼育環境の改善を同時に行います。エサには、過剰摂取に注意しながら、カルシウム剤を加え、UVB 指数の高い紫外線ライトを使用し、十分に日光浴をさせましょう。食欲や元気がない場合などは、動物病院で注射によってカルシウムやビタミンDを投与してもらうといいでしょう。

病名	原因・症状	予防・治療
■ビタミンA欠乏症	皮膚や粘膜の機能を保つために不可欠なビタミンAが不足すると、まぶたの腫れや鼻炎を引き起こし、悪化すると全身のむくみ、呼吸器や泌尿器の障害など、さまざまな症状につながります。	エサは、特定の野菜などに偏らないようにしましょう。ビタミンA剤の投与も考えられますが、過剰摂取は別の病気につながるため、食事療法が基本とお考えください。
■たんぱく質過剰症	たんぱく質の多い食事が長期間続くと、甲羅の変形、また腎臓や肝臓の障害を引き起こすことがあります。	ドッグフードや肉類など、たんぱく質の多いエサは与えないようにしましょう。雑食傾向のあるリクガメも、基本のエサは植物と考えてください。栄養障害は、気付いたときには手遅れになることもありますから、普段の食事にはくれぐれも気を付けましょう。

その他の病気

病名	原因・症状	予防・治療
■熱中症	直射日光が当たる場所で日光浴をさせたときに起こります。特に真夏は短時間で発症するので気を付けましょう。また直射日光が当たるケージの内部は、高温になりやすいため注意してください。熱中症になると、泡を吹いたり、ぐったりして動かなかったりするほか、下痢や嘔吐が見られることもあり、重症になると死に至ることもあります。	日光浴は、すぐに日陰に移動できる場所で行いましょう。あまり日差しが強い日は、涼しい時間帯を除き、日光浴はさせない方がいいでしょう。また真夏は、ケージ内の温度にも十分に注意してください。発症した場合は、流水にさらして体温を下げ、すぐに動物病院に連れて行ってください。

病　名	原因・症状	予防・治療
■異物摂取	リクガメの異物摂取はたびたび起こります。床材や小石、ゴミなど、口の中に入るサイズの物は、何でも誤飲の可能性があると考えてください。そのまま排泄されることも多いのですが、体内に残ると腸閉塞などを引き起こすこともあるので油断できません。またタバコや医薬品などを飲み込むと中毒症状を起こすこともあります。	異物摂取は、特に空腹時に起こりやすいので、規則正しい食事を心がけてください。しばらく経っても排泄物と一緒に出てこない場合、また食欲不振や下痢、嘔吐などが見られる場合は受診し、開腹手術によって取り除きます。
■寄生虫による病気	リクガメの消化管には、べん毛虫やせん毛虫などの原虫が常在しています。免疫力が低下した場合などに原虫が異常に増加し、下痢や食欲不振などを引き起こすことがあります。	動物病院で便を検査し、必要と判断されたら駆除剤を投与します。

事故

病　名	原因・症状	予防・治療
■落下・交通事故など	高所から落下したり、自動車や自転車にひかれたりして、外傷を受けることがあります。甲羅の損傷、骨折、内臓破裂など、さまざまな状態が考えられ、即死したり、障害を残したりすることもあります。	すぐに動物病院に連れて行って処置を受けましょう。外見上、問題がなさそうでも、内臓が損傷していたり、内出血を起こしていたりすることがあります。落下や逃走の予防策の徹底が、こうした事故を防ぎます。

［繁殖］

38 十分な経験と知識が不可欠！

★ 産まれた子ガメをきちんと育てられるかを判断しよう。
★ 繁殖は難易度が高いため、飼育経験を十分に積んでからチャレンジしよう。
★ 発情期を迎えたら、交尾をうながす環境を整えよう。

いろいろな条件を踏まえて検討を

リクガメの赤ちゃんは何ともキュートですから、愛好家なら誰もが「繁殖させてみたい」と思うでしょう。しかし、リクガメは一度の産卵で10個程度の卵を産むことも考えられますから、すべてがかえって、そのまま成長することを想定し、「きちんと面倒を見られるか」「飼育スペースを確保できるか」「エサ代をはじめとした飼育費用を負担できるか」といったことをクリアにして臨まなければなりません。**繁殖は決して安易に計画するものではありません。**

初心者に繁殖は難しい

もっともリクガメの繁殖の難易度は高いため、初心者にはハードルの高いものになります。特に孵化した子ガメは大変体が弱く、ちょっとしたことで死んでしまいます。そういった事態を避けるためにも**繁殖にチャレンジするのは、十分な飼育経験を積んで知識が深まってからにしましょう。**

また繁殖をさせるつもりがない場合は、オスとメスを一緒に飼わないようにしましょう。自然と交尾から産卵まで進むことがあります。

発情期に交尾をうながそう

飼い主の側に繁殖をさせる条件が整ったら、オスとメスを一緒にして交尾をうながしましょう。発情期は、オス同士がケンカしやすくなるた

め、注意が必要です。オスはメスを追いかけ回しますが、うまく交尾に至らず、メスがストレスを感じているようであれば、いったん隔離することも必要です。無事に交尾をしたら、メスを産卵用のケージに移してください。

オスは交尾時に
「ガーガー」というような
声を発します。

CHECK 交尾から産卵まで

性成熟した雌雄を揃える

▶発情期を迎えたら、性成熟したオスとメスのペアを同居させます。性成熟するまでは、幼体からしっかりと育てて数年はかかると考えてください。

▶オスの求愛行動として、メスを追い回したり、自分の甲羅をメスの甲羅に押し当てたりする姿が見られます。

産卵をさせる

▶交尾をしたら、深さ 30cm ほど土を入れたケージにメスを移します。メスは穴を掘って卵を産み落とし、自分で土を埋め戻します。

［繁殖］

39 いよいよ可愛い子ガメの誕生！

★ 日本では自然ふ化は難しいので、人工的にふ化させよう。
★ 卵のふ化には70～150日くらいかかる。
★ 産まれ立ての子ガメは、甲羅が柔らかいので注意して扱おう。

卵がかえるまで、じっと待とう

リクガメが産卵したら、ふ化をさせるのは飼い主の役目です。**日本の気候では自然ふ化は難しいため、人工的にふ化をさせる必要があります。**卵を傷付けないように丁寧に掘り出して、ふ化容器に移してください。素手ではなく、手袋をはめて取り扱いましょう。

ふ化にはけっこう時間がかかり、通常、70～150日くらい要します。やきもきとする気持ちは分かりますが、辛抱強く待ちましょう。あまりにも長期にわたって変化が見られないときは、無精卵の可能性もありますのでチェックするようにします。室内を暗くしてペンライトの光を当てたとき、卵黄が下に降りている卵は有精卵、中央にある卵は無精卵です。

子ガメは乾燥に弱いので要注意

子ガメは自分で卵を割り、這い出してきます。飼い主にとっては、まさに感動の瞬間です。最初に卵に穴が開いてから1～3日かかりますが、その間、子ガメはお腹に付いている卵のうという養分を吸収しています。

長いふ化期間を経て、こんなに可愛い子ガメたちが産まれてきます。

殻から出てきた子ガメは、産まれたてとは思えないほど俊敏に動き、数日後には親カメと同じエサを食べるようになります。最初は小さく刻んで与えましょう。子ガメは、乾燥と低温に弱いため、温度と湿度は高めに設定してください。

産卵からふ化まで

産卵したら

▶温度は28～32度に保ちましょう。

▶有精卵の場合、保温を始めてから数日後、卵がしだいに白くなる「チョーキング」という変化が表れます。

▶週1回程度、フタを空けて空気の入れ替えをしましょう。

ケヅメリクガメの卵です。

子ガメが産まれたら

▶温度と湿度は高めに設定しましょう。その他の世話は、基本的に成体と同じです。

▶数日間は卵のうから養分を取るのでエサは食べません。

▶甲羅が柔らかくて弱いため、あまり触り過ぎないように。

お腹に付いている
オレンジの部分が卵のうです。

40 リクガメとのお別れのとき

★ 衛生的な問題から火葬が増えている。
★ ペット葬として埋葬までしてくれる会社もある。

出会いに感謝し、手厚く葬ろう

悲しいことですが、リクガメも生き物ですから死を避けられません。長寿と言われるリクガメといえども、いつかは必ず別れの日がやって来ます。そのときが訪れたら、たくさんの喜びを与えてくれたリクガメに出会えたことに感謝し、手厚く葬ってあげましょう。

かつてはペットが亡くなったときは、庭に土葬することも多かったのですが、最近は衛生的な問題から火葬が増えているようです。特に病気で死亡した場合は、病原菌が死滅していない可能性がありますので注意してください。ペット葬という形でリクガメの火葬を行ってくれる業者も増えていますので、お骨にして自宅にお墓をつくってあげるのもいいでしょう。またペット専用の墓地を提供している会社もあるようです。

小さな子どもがいる場合は、リクガメの死は情操教育の機会にもなるでしょう。生命や死について話してあげることで、生き物をいつくしむ気持ちが育つきっかけになるかもしれません。

リクガメが見られる施設

全国には、リクガメを飼育している動物園がたくさんあります。珍しいリクガメを見ることができたり、中にはリクガメと触れ合えたりする施設も。ぜひお出かけしてみてはいかがでしょうか。

iZoo

は虫類・両生類専門の動物園。アカアシガメ、アルダブラゾウガメ、ガラパゴスゾウガメ、キアシガメ、ギリシャリクガメ、ケヅメリクガメ、パンケーキガメ、ヘルマンリクガメなど多くのリクガメを展示。
静岡県賀茂郡河津町浜 406-2
TEL:0558-34-0003
http://izoo.co.jp/
開園時間：9 時～ 17 時
（最終入園 16 時 30 分）
定休日：年中無休
料　金：大人 1500 円、小学生 800 円、6 歳未満無料

横浜市立野毛山動物園

約 100 種類の動物を展示する、入園無料の動物園。インドホシガメ、エジプトリクガメ、ケヅメリクガメ、ヘサキリクガメ、ホウシャガメなどを展示。
神奈川県横浜市西区老松町 63-10
TEL:045-231-1307
http://www2.nogeyama-zoo.org/
開園時間：9 時 30 分～ 16 時 30 分
（最終入園 16 時）
定休日：毎週月曜日（祝日の場合は、翌日。5・10 月は無休）、年末年始
料　金：無料

天王寺動物園

大正 4 年開園の歴史ある動物園。アルダブラゾウガメ、インドホシガメ、ギリシャリクガメ、ヒョウモンガメ、ホウシャガメなどを展示。
大阪府大阪市天王寺区茶臼山町 1-108
TEL:06-6771-8401
http://www.jazga.or.jp/tennoji/
開園時間：9 時 30 分～ 17 時
（最終入園 16 時）
定休日：毎週月曜日（祝日の場合は、翌日）、年末年始
料　金：大人 500 円、小中学生 200 円
未就学児無料

愛媛県立とべ動物園

約 170 種 800 点の動物を展示。アルダブラゾウガメ、インドホシガメ、エロンガータリクガメ、キアシガメ、ケヅメリクガメなどを展示。
愛媛県伊予郡砥部町上原町 240
TEL:089-962-6000
http://www.tobezoo.com/
開園時間：9 時～ 17 時
（最終入園 16 時 30 分）
定休日：毎週月曜日（祝日の場合は、翌日）、年末年始
料　金：大人 460 円、6 ～ 17 歳 100 円、6 歳未満無料

第4章

リクガメに関して よくある質問にお答えします！

Q リクガメは、孤独を好むってホント？

A 自然下では単独行動をする生き物です。

リクガメは自然下では単独行動ですので、孤独には強いと考えて良いでしょう。したがってリクガメは、単独飼育が基本となります。「寂しくないように」という気持ちから、複数飼ってもいいかなと考えがちですが、ストレスの要因となりかねないということを覚えておいてください。

一方、リクガメにも感情がありますから、ずっと一緒に暮らしていれば、飼い主だけではなく、同じ部屋で飼われているイヌやネコも仲間として認識する可能性はあります。ただし、必ずとも言い切れず、そこは相性ということなのかもしれません。

Q オスとメスでは、どちらが大きくなる？

A 一般的にはメスが大きくなります。

どちらかというとメスの方が大きくなりますが、それほど大きな違いはありません。特に幼体のサイズは、性別による差はほとんどありません。その他の性別による特徴が明確に表れるのも生後数年が経ってからですから、幼体の性別を見分けるのは初心者にはなかなか困難です。

Q リクガメは性別の産み分けができるってホント？

A 条件によっては可能です。

リクガメの多くの種は、卵を保温する温度によってオスかメスかが決まります。低めはオス、高めはメス、中間の場合は両方が産まれやすくなります。

独りでも
寂しくないよ！

Q リクガメって泳げるの?

A 基本的に泳げません。

カメの仲間ですからいかにも泳げそうなイメージがありますが、足には水かきがありませんので泳げません。短時間なら浮くことはできますが、泳げるわけではありませんから、放っておくと溺死してしまう可能性もあります。水飲み器で水浴びしているのだからと、浴槽やプールなどに入れるのは危険ですからおやめください。

Q 引っくり返ったら、自力で起き上がれるの?

A 場所によっては難しいことも。

リクガメが自力で動かせるのは、首と手足、尾だけです。引っくり返ってしまうと、甲羅に高さがありますから首や手足をいくら伸ばしても地面に届きませんので、石や植物など、いい具合に助けになるものがない限り、自力で起き上がることはできません。引っくり返ったままでもすぐに絶命することはありませんが、何日間も留守にする場合は危険です。リクガメが引っかかって転倒しやすい物はないかどうかよく確認して出かけるようにしてください。

Q 甲羅を脱ぐことはできる?

A 甲羅は脱げません。

甲羅と体内の骨は一体化しているため、脱ぐことはできません。リクガメにとって甲羅は、皮膚でもあり、骨でもあるのです。

Q 時々、土を食べているように見えますが、どのような理由でしょうか。

A ミネラル分の補給のためと思われます。

不足しているミネラル分を補うためだと考えられています。牛や馬など他の草食動物にも、いろいろな種類のミネラルを含む土を食べる習性があります。異常ではありませんから心配する必要はありませんが、日頃から食事の栄養バランスには気を付けましょう。

Q 爪が伸びていますが、どうしたらいいでしょうか。

A 動物病院やショップで処置を。

本来、野生下のリクガメは、爪やクチバシが自然と削られるため、伸びません。ところが、飼育下では伸びやすく、爪が伸び過ぎると歩行障害をきたしたり、根元から折れてしまうことがありますし、くちばしが伸び過ぎるとエサをスムーズに食べられなくなってしまいます。ですから、普段から硬いものを食べさせたり、十分に運動をさせたりして予防するのが一番良いのですが、それでも伸びてしまった場合は、人為的に短くするしかありません。

人間用の爪切りなどで切る人もいますが、根元から割れる場合がありますし、神経に響いて痛みを感じる可能性もありますので避けた方が良いでしょう。できれば、リクガメを診てくれる動物病院で対応してもらうことをお勧めします。なお、トータス・スタイルでは爪とくちばしのお手入れサービスを行っています。

病気になったら
病院に
連れて行って！

Q 近所にリクガメを診てくれる動物病院がないのですが、どうしたらいいでしょうか。

A 少し遠くても探しておきましょう。

リクガメが病気にかかったら、獣医による専門的な治療がなければ治すのは困難です。リクガメを飼っていれば、必ず病気にはかかりますから、少し遠くてもリクガメを診てくれる動物病院を事前に探しておいてください。リクガメを購入したショップの店員が教えてくれる場合もありますし、インターネットで検索すれば出てくることもあるでしょう。

Q リクガメを購入して家に連れて来たのですが、全然エサを食べてくれません。病気でしょうか。

A 2〜3日様子を見ましょう。

リクガメは神経質な面があるため、環境が大きく変化した場合、数日間、エサを食べなくなることがあります。まずは適正な環境かどうかを確認しましょう。食べないからといって、エサを口の中に押し込むようなことは避けてください。3日ほど経っても食べなければ、病気の可能性もありますから、動物病院で診てもらうといいでしょう。

Q 帰省や旅行の際に、リクガメを飛行機に乗せても大丈夫でしょうか。

A 問題ありませんが、いくつか注意点があります。

リクガメは、他の乗客に迷惑にならないように小型の容器に入れ、逃げ出したり水漏れしたりすることがない状態であれば、飛行機に乗せることができます。ただし、手荷物として持ち込むのが難しいような大きなサイズのリクガメは、その限りではありません。事前に航空会社に問い合わせることをお勧めします。

飛行機に乗せるときは、リクガメを箱に入れ、丸めた新聞紙を詰めて移動中に動かないようにします。乗る前に温浴をして排泄を済ませておくといいでしょう。

Q 床材に虫が湧いて困っています。

A 健康に害はありませんが、気になる場合は処置しましょう。

床材は自然の木などが原料のため、元々虫が付いている場合がありますし、高温多湿の環境では発生しやすくなるのは仕方ありません。リクガメや人間に害はないと考えて差し支えありませんが、どうしても気なる人は、使用する前に床材に熱湯をかけたり、電子レンジにかけたりして虫を駆除してから使用すると良いでしょう。

Q 災害に備え、リクガメ用の非常持ち出し袋をつくろうと思います。何を用意したらいいでしょうか。

A 非常食や寒さ対策グッズを準備しましょう。

食事は野草でも何とかなりますが、リクガメフードを準備しておくとより安心でしょう。水も必要ですが、これは人間用のものと一緒で構いません。

またリクガメは寒さに弱いため、冬場の被災を想定し、使い捨てカイロや毛布を用意するのを忘れないでください。

Q どうしても飼えなくなりました。どうすればいいでしょうか？

A 責任を持って引き取り先を探しましょう。

飼い始めたら最後まで面倒を見るのが原則ですが、どうしても飼えなくなってしまったら、引き取り先を探してください。友人や知人のつてで飼ってくれる人を探したり、最近はインターネットでの里親の募集をよく見かけます。

またショップなどで引き取ってくれることもありますので、まずは自分が購入したショップを当たってみましょう。引き取られたリクガメは、商品として別の飼い主に販売されることになります。

また、は虫類専門の施設、動物園、水族館などには、リクガメを展示しているところもありますので、引き取ってもらえないかを聞いてみると良いでしょう。

[監 修]
佐藤菜保子 ◎リクガメ専門ショップ「トータス・スタイル」店長。 初めて見たインドホシガメの可愛さに魅せられたことが、リクガメとの出会い。関西の情報番組をはじめ、TV 番組や雑誌などのメディアに多数出演し、リクガメの正しい知識や魅力を発信している。プライベートではインドホシガメやビルマホシガメ、ヒョウモンガメ、そのほか数頭のリクガメを飼育している。

[リクガメ専門ショップ トータス・スタイル]
2004 年、西日本初のリクガメ専門ショップとしてオープン。 全国でも数少ないリクガメ専門店としてテレビ番組などでも数多く取り上げられている。独自のネットワークによって仕入れたリクガメを、常時約 150 頭販売している。 ベストコンディションの生体をお届けすることを第一に考え、個体ごとに番号で健康管理をしてトリートメントにも力を入れている。 爪やくちばしのお手入れなど独自のサービスを行うほか、リクガメ専門のペットホテルを併設する。
所在地◎ 大阪府門真市速見町 10-3-2F
TEL ◎ 06-6780-1230
H P ◎ https://www.tortoise-style.com/
営業時間◎ 月曜～金曜日 15 時～ 20 時 土・日曜日 15 時～ 20 時
定休日◎ 火・木曜日

[編集・執筆・制作]
二宮良太、久保範明、深澤廣和
有限会社インパクト（執筆・編集・制作）

[撮影協力]
iZoo

[写真協力]
犬渕利枝さん、熊谷由美子、下田亜紀子さん、通りすがりさん、
中田一会（いちこ）さん、 nori さん、普入正美さん、ミツオさん

[デザイン]
有限会社 PUSH

[イラスト]
益田賢治

もっと知りたいリクガメのこと
幸せに暮らす　飼い方・育て方がわかる本　新版

2024年3月30日　第1版・第1刷発行

監修者　佐藤　菜保子（さとう　なほこ）
発行者　株式会社メイツユニバーサルコンテンツ
代表者　大羽 孝志
〒102-0093　東京都千代田区平河町一丁目1-8
印刷　株式会社厚徳社

◎『メイツ出版』は当社の商標です。

ISBN978-4-7804-2881-0 C2077 Printed in Japan.

ご意見・ご感想はホームページから承っております
ウェブサイト　https://www.mates-publishing.co.jp/

企画担当：折居かおる／清岡香奈

※本書は2021年発行の『もっと知りたいリクガメのこと 幸せに暮らす 飼い方・育て方がわかる本』を新版として発行するにあたり、内容を確認し一部必要な修正を行ったものです。